아직 DNA 가 어려운 너에게

이한음 지음

이중나선 구조부터
유전자가위까지

알고 보면
매력 넘치는
유전학 이야기

곰곰

#

생물의 모든 특징과 행동은 진화의 관점에서 보아야 온전히 이해할 수 있다고 합니다. 오늘날에는 DNA의 관점에서 생물을 바라보는 것도 당연시하지요. DNA를 다루는 기술이 발전하면서 이제 DNA를 빼고서는 생물을 이야기할 수 없는 시점에 이르렀어요. DNA의 정체가 밝혀진 지 100년도 안 되었는데 말이에요.

DNA는 이제 생물학에서만 쓰이는 단어가 아니에요. 우리 생활 곳곳에 퍼져 있고, 엉뚱하다 싶은 곳에서도 DNA라는 단어를 접하곤 해요. 올림픽 경기에서 금메달을 딴 사격 선수에게는 사격 DNA가, 양궁 선수에게는 양궁 DNA가 있대요. 새로운 금융 상품을 내놓은 회사에는 금융 혁신 DNA가 있다고 하고요. 미모를 갖춘 사람은 우월한 외모 DNA를, 연기를 잘하는 배우는 연기 DNA를 타고났다고 표현하기도 하지요. 한마디로 어느 분야에서든 뛰어나면 무조건 그 DNA를 타고났다는 식으로 말하는 것이 유행어처럼 되었어요. 실제로 그런 DNA는 없을뿐더러, DNA 자체와 무관한 사례가 대부분인데도 말이지요. 그래도 요즘 DNA가 워낙 인기를 끌고 있으니, 이 정도 오류는 애교로 봐주어도 되겠지요?

DNA는 범죄 영화와 드라마의 단골 소재이기도 합니다. 의학 영화와 드라마에도 감초처럼 나오고요. 사실 DNA가 수사물에 등장하기 시작한 것은 겨우 20~30년 전이에요. 유명한 추리소설 시리즈 '셜록 홈스'에는 DNA 분석 결과가 찍힌 종이 한 장을 눈앞에 바짝 들이대면서 "DNA 분석 결과 당신이 범인일 확률이 99.99999%예요"라고 말하는 장면은 없습니다. 당시에 DNA 분석 기술이 있었다면 홈스가 담배꽁초를 살펴보고 누가 담배를 피운 것인지 추측하는 명장면은 탄생할 수 없었을 거예요. 담배꽁초에 묻은 침에서 DNA를 분석하면 다 끝나니까요. 머릿속에서 이리저리 단서를 끼워 맞추며 추리하는 기가 막힌 수많은 장면도 마찬가지이지요.

DNA는 실제 수사뿐 아니라 친자 확인, 전사자 신원 확인, 입양자 부모 찾기, 실종자 찾기, 인류 조상의 뿌리 찾기 등 다양한 용도로 쓰입니다. 또 의학과 농업, 생물종과 환경 보호 등 온갖 분야에서 DNA 지식이 응용되고 있지요. 더 나아가 정치, 경제,

사회, 윤리, 문화 등에도 큰 영향을 미치고 있어요. DNA 지식이 늘면서 예전에는 생각하지도 못한 요인과 문제까지 고려해야 하는 상황이 많아졌기 때문이지요.

그래도 과학자들은 여전히 아는 것보다 모르는 것이 훨씬 더 많다는 사실을 실감해요. 매일같이 새로운 연구 결과가 나오고 있으니까요. 지금까지 밝혀낸 DNA 지식만으로도 이렇게 세상이 바뀌었는데, 앞으로 밝혀질 내용은 과연 얼마나 세상을 뒤집어 놓을지 궁금해집니다.

그런데 과학자들은 DNA를 어떻게 알게 된 것일까요? 그리고 DNA를 찾을 생각을 언제부터 하기 시작했을까요?

모든 과학 탐구는 질문에서 시작되지요. 살다 보면 누구나 이런저런 것에 궁금증을 갖게 됩니다. 과학자는 그 궁금증을 과학적 방법으로 해결하려고 해요. 관찰하고, 가설을 세우고, 실험하는 과정을 거치는 거예요. 그렇게 해서 궁금증을 풀면, 다시 새로운 의문이 생겨나요. 왜 어떤 동물은 하늘을 날 수 있을까? 날개가 있어서. 날개는 뭐지? 앞다리가 변한 거야. 앞다리가 왜 날개로 변한 거지? 이런 식으로 의문은 다시 새로운 의문을 낳지요.

그렇다면 'DNA가 무엇이고, 무슨 일을 할까?'라는 질문으로 이어진 궁금증은 어떻게 시작되었을까요? 그리고 과학자들이 아직도 모르는 것이 많다고 했는데, 지금은 어떤 의문들을 탐구하고 있을까요? 그렇게 알아낸 지식은 우리에게 어떤 도움을 줄까요? 또 어떤 문제를 일으킬까요? 이 책에서 그런 물음들을 하나하나 살펴보기로 해요. 과학자들이 과거에 품었던, 그리고 오늘날 몰두하고 있는 질문들을 하나씩 따라가 보면서요.

차례

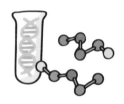

1

정체를 밝혀라,
DNA

DNA 발견으로 이어진 질문들

우주적 존재와의 대화

서기 2100년, 지구인이 탑승한 우주선이 먼 우주 공간에서 기이한 존재와 마주쳤습니다. 우주적 존재는 스핑크스처럼 무언가를 지키는 듯했어요. 우주적 존재는 물었어요.

"너희는 누구인가?"

지구인들은 별것 아닌 질문이라고 여겼어요. 자신들은 지구라는 행성에서 왔고 지적인 존재이며 지구를 지배할 능력을 지녔으나 자비심을 발휘하여 자연과 조화를 이루며 살아간다는 등의 이야기를 한참 늘어놓았습니다. 네 발로 걷다가 두 발로 걷고 나중에는 세 발로 걷는 존재라는 말로 인간이 문제 풀이와

농담을 즐기는 지적인 생명체임을 은연중에 드러내기도 했지요. 지구인이 우주적 존재와 지적 유희를 즐길 수 있는 존재임을 알아차리길 바라면서 말이에요.

우주적 존재답게 장구한 세월을 살아온 그는 참을성 있게 지구인들의 말을 끝까지 들어 주었습니다. 이윽고 한 달이 지났습니다. 할 이야기를 모두 마친 지구인들은 기대에 찬 표정으로 우주적 존재를 바라보았어요. 우주적 존재는 잠시 침묵하더니 말했습니다.

"너희는 누구인가?"

이 심오한 질문에 지구인들은 고민에 빠졌어요. 철학책을 즐겨 읽는 선장은 "자신이 누구인지 모르는 존재가 바로 우리다"라고 대답하자고 주장했지요. 하지만 다른 사람들은 우주적 존재가 그런 지적 유희를 즐기지 않는다는 사실이 이미 드러났다고 생각했어요. 그때 생물학자가 입을 열었습니다. 생물학자는 '너희'라는 말에 초점을 맞추었어요. 그녀는 우주적 존재가 가리키는 '너희'가 인간만을 뜻하는 것이 아니라고 주장했어요. 그녀는 눈썹 속에 사는 벌레부터 뱃속의 대장균을 거쳐 발가락의 무좀균에 이르기까지 우리 몸에는 온갖 생물이 살아가고 인간의 몸 자체가 사실상 하나의 생태계라고 설명했지요. 따라서 우주적 존재가 말하는 '너희'는 그런 생태계, 더 나아가 지구의 생명

전체를 뜻한다고 주장했어요.

그 말이 일리가 있다고 생각한 선장은 우주적 존재에게 질문 못지않게 심오한 대답을 내놓았어요.

"우리는 생명이다."

그러자 우주적 존재는 처음으로 반응을 보였습니다. 세포로 구성되지 않은 것이 분명한 그 존재는 다시 물었어요.

"생명이란 무엇인가?"

사람들의 시선이 일제히 생물학자에게로 향했습니다. 생물학자는 더듬거리면서 말했어요. 생명은 정의하기가 어려우며, 그저 환경에 반응하고 번식하며 물질대사를 하는 등의 특징만을 말할 수 있을 뿐이라고요.

우주적 존재는 그 말을 듣더니 한마디 뱉었습니다.

"돌아가라."

그 순간 생물학자는 마침 옆에서 콧물을 닦고 있던 선원의 손에서 휴지를 낚아채 그것을 앞으로 내밀면서 말했습니다.

"이것이 생명입니다."

그 한마디로 생물학자는 생명이 무엇인지를 정의하는 과제를 우주적 존재에게 떠넘겼어요. 우주적 존재가 과학적 사고방식을 지녔다면, 콧물을 분석하지 않을까요? 콧물에는 탄소, 산소, 수소 등 온갖 원자가 있을 테고, 그것들이 모여 각종 화학물질을

이루고 있을 것입니다. 우주적 존재는 생명을 그 수준에서 찾지 않을 거예요. 우주에는 질서가 있고 그 질서는 계층 구조를 이루고 있으며, 생명은 더 상위 수준에서 나타날 것이 분명하기 때문이지요.

우주적 존재는 이윽고 세포를 찾아냅니다. 그리고 세포 속 다양한 화학물질의 활동을 훑어본 끝에 지구 생명의 핵심에 놓인 물질을 알아냅니다. 바로 DNA예요.

생물이란 무엇일까

이 가상의 이야기에서 우주적 존재가 던진 질문이 바로 DNA 발견으로 이어진 출발점이라고 할 수 있습니다. 인류는 늘 삶과 죽음, 탄생과 사멸에 관심이 있었어요. 그런 관심은 온갖 추측과 신화와 철학과 종교를 낳았고, 마침내 생명과학으로 이어졌습니다. 생명과학에서 다루는 모든 내용은 하나의 질문에서 비롯됩니다. 바로 '생명이란 무엇인가?'라는 질문이에요.

이 질문은 언뜻 들으면 모호하게 느껴집니다. 생명이라는 말 자체가 추상적인 무언가를 가리키기 때문이에요. 이 질문을 좀 더 구체적이고 직접 접할 수 있는 대상을 가리키는 형태로 바꾸면 '생물이란 무엇일까?'입니다.

이제 질문이 좀 더 명확해졌네요. 생물이 무엇인지는 누구나 잘 압니다. 새, 박쥐, 코끼리, 표고버섯, 소나무, 파리, 모기는 생물이지요. 그런데 좀 더 깊이 살펴보면 헷갈리는 사례들이 나타납니다. 우리 몸속에 사는 대장균 같은 세균도 생물이라는 것은 알고 있을 거예요. 학교에서 그렇게 배웠으니까요. 또 세균보다 훨씬 작은 바이러스는 생물이 아니라고 배웠을 거예요. 그러면 귀신이나 유령은 어떨까요? 그리스 신화의 제우스는요? 마블 영화 속 토르와 그루트는? 아니, 영화 〈베놈〉에 등장하는 외계 기생체는? 이들을 생물이라 말할 수 있을까요?

이렇게 따지다 보면, 과연 어디까지 생물이라고 할 수 있을지 애매해집니다. 사실 과학자들도 생물이 무엇이라고 딱 부러지게 정의하지 못합니다. 그저 세포로 이루어져 있고, 성장하고, 번식하고, 진화하고, 자극에 반응하고, 물질대사를 한다는 등의 이런저런 특징을 나열할 뿐이지요. 그런데 이런 특징들은 무엇보다도 지구 생물에 적용되는 것이에요. 게다가 DNA를 단백질 껍질로 감싼 것이나 다름없는 바이러스는 세포로 이루어져 있지 않기 때문에 생물이라고 보지 않는 것이 주류 견해입니다. 제우스나 토르, 베놈의 기생체가 세포로 이루어져 있지 않다면? 생물이 아니지요!

한편 우리가 생물을 너무 협소하게 규정하는 것은 아닐까 하

는 의문도 듭니다. 생물을 처음으로 명확히 정의하려고 애쓰던 약 200년 전보다 우리의 생각과 상상의 폭이 그만큼 넓어졌기 때문에 이러한 반문도 가능한 것이겠지요? 이제 우리는 머나먼 우주의 생명과 생물까지 생각하는 수준에 이르렀으니까요. 게다가 우리는 사람의 의식을 고스란히 컴퓨터로 옮기는 일이나 인공 지능을 탑재한 유기체 로봇까지 논의하고 있어요. 그런 사항들까지 고려하면, 생물이 무엇인가라는 질문에 답하기가 점점 까다로워질 것이 틀림없습니다.

생물은 무엇으로 이루어져 있을까

번식, 대사, 진화 등 생물의 특징은 여러 가지이지만, 과학자들이 기준으로 삼는 가장 주요한 특징은 바로 생물이 세포로 이루어져 있다는 점입니다. 1838년 슐라이덴이 식물은 세포로 이루어져 있다는 주장을, 이듬해에 슈반이 동물이 세포로 이루어져 있다는 주장을 펼치며 세포설을 제창한 이래로, 이 개념은 널리 받아들여져 왔어요. 바이러스는 생물이 아니라고 보는 견해가 널리 퍼져 있는 이유도 바로 이 때문입니다. 바이러스는 세포로 이루어져 있지 않으니까요.

그렇다면 세포는 무엇으로 이루어져 있을까요? 많은 과학자가 세포 연구에 달려들었고, 현미경의 성능 향상과 새로운 분석 기술 덕분에 세포의 이모저모가 점점 자세히 드러났어요. 이윽고 세포가 막으로 둘러싸여 있고, 그 안에 여러 소기관이 들어 있다는 사실도 밝혀졌습니다. 세포핵, 엽록체, 미토콘드리아, 골지체 등 아주 다양한 세포소기관이 있었지요. 그리고 각 세포소기관이 어떤 일을 하는지도 밝혀졌어요.

세포의 각 부위는 하는 일이 서로 달라요. 그중 가장 중추적 역할을 하는 소기관은 무엇일까요? 생물이 존속하려면 대를 이어야 합니다. 자신을 빼닮은, 즉 자신의 특징들을 간직한 후손을 낳아야 하지요. 이렇게 특징을 후손에게 대물림하는 것을 유전이라고 해요. 그러니 길게 본다면 생물에게 가장 중요한 것은 유전이 아닐까요? 넓게 보면 유전은 살아가는 데 필요한 모든 것을 후손에게 물려준다는 뜻이에요. 그런데 생물은 자신의 특징을 어떻게 대물림할까요?

유전이란 무엇일까

고대 그리스인들은 정자 안에 아주 작은 인간(호문쿨루스)이 들어 있다고 생각했습니다. 하지만 19세기쯤에는 대물림에 관여하는 물질이 정자와 난자 양쪽에 들어 있다는 생각이 받아들여졌지요. 자식이 아빠만 닮는 것이 아니라 엄마도 닮으니까 말이에요. 당시 사람들은 정자와 난자에 든 물질이 서로 뒤섞여 엄마와 아빠를 반반씩 닮은 자식이 나온다고 생각했어요. 그러면 엄마를 더 닮고 아빠를 덜 닮은 자손은 어떻게 생길까요? 엄마의 유전물질이 좀 더 진하거나 더 많이 섞인다고 보았어요. 진화론의 대가인 찰스 다윈도 혼합 유전이 옳다고 믿었습니다. 다윈은 거의 같은 시기에 그 생각이 틀렸다는 것을 증명한 사람이 있었음을 알지 못했습니다. 바로 그레고어 멘델입니다.

멘델은 완두 실험으로 유전물질이 액체처럼 뒤섞이는 게 아니라 입자 같은 것임을 밝혀냈습니다. 그는 정자와 난자에 입자 같은 것이 들어 있고, 그것이 자손의 특징을 결정한다고 보았어요. 또 입자 사이에 우열 관계가 있다고 보고, 강한 쪽을 우성, 약한 쪽을 열성이라고 했습니다. 아버지의 입자가 우성이고 어머니의 입자가 열성이면, 양쪽의 입자를 지닌 자손은

그레고어 멘델(1822~1884)

아버지를 닮을 테지요. 실험 결과를 차근차근 논리적으로 해석한 결과, 우열의 법칙, 분리의 법칙, 독립의 법칙이라는 멘델의 유전법칙이 탄생했습니다. 당시의 상식에 반하는 결과였지요.

멘델의 법칙은 거의 40년 동안 빛을 보지 못하고 있다가, 1900년 휘호 더프리스, 카를 코렌스, 에리히 체르마크 폰 세이세네크를 통해 재발견되었습니다. 그때쯤에는 멘델의 법칙이 받아들여질 만한 분위기가 조성되어 있었어요.

멘델의 법칙에서는 유전물질인 입자 하나가 형질(동식물의 모양, 크기 따위의 특징) 하나를 가리켰어요. 우성인 입자는 둥근 씨를, 열성인 입자는 주름진 씨를 만들었지요. 나중에 입자가 형질과 일

대일로 대응하지 않으며, 입자들이 하나씩 떨어져 있지 않고 서로 연결되어 염색체를 이룬다는 사실이 밝혀졌지만, 그 입자가 유전의 기본 단위임은 분명했습니다. 따라서 그것의 정체를 밝히는 것이 다음 과제였습니다.

유전물질은 무엇일까

그것은 무엇이며 어떻게 생겼을까요? 아무도 상상할 수 없었습니다. 그런 상황에서 1909년 빌헬름 요한센이 그 기본 단위를 유전자라고 부르자고 제안합니다. 정체를 모를 때에는 새 이름을 붙이는 것이 도움이 되지요. 유전자라는 말이 나오자 그것이 무엇인지를 놓고 논쟁이 벌어졌습니다.

당시 과학자들은 생물의 주된 성분이 탄수화물, 단백질, 지방임을 이미 알고 있었어요. 그중 하나가 유전물질일 수 있지 않을까요? 또 유전물질은 생물의 온갖 특징을 자손에게 전달해야 하므로 복잡하고 종류가 많은 성분이 유전물질일 가능성이 크지 않을까요? 그리고 쉽게 분해되지 않고, 잘 보존되는 물질이어야 할 거예요.

그런데 탄수화물은 쉽게 분해되고 지방은 종류가 많지 않습니다. 단백질은 생물의 몸을 구성하는 주된 물질이며 종류도 아주 많아요. 그러니 단백질이 유전물질이라고 보는 것이 상식적이었지요.

그런데 세포분열 과정을 현미경으로 지켜본 과학자들은 분열하기 전 세포핵이 있던 곳에서 무언가 덩어리들이 생긴 뒤, 그것들이 양쪽으로 갈라진 다음 세포가 둘로 나뉘는 것을 관찰했습니다. 염색이 잘되기에 염색체라고 이름 붙인 이 덩어리들은 생물의 종마다 개수가 달랐고, 한 종의 세포에서는 분열(체세포분열)한 뒤에도 개수가 일정하게 유지되었어요. 따라서 세포핵 안에 들어 있는 이 염색체가 유전물질일 가능성이 컸습니다.

이제 염색체는 무엇으로 이루어져 있을지 의문이 생겼습니다. 혹시 단백질로 이루어진 것이 아닐까 하고 분석한 결과 단백질이 다량 들어 있었고 탄수화물과 지방은 거의 없었습니다. 그런데 단백질만 있는 것은 아니었어요. 단백질이 50~60%를 차지했고, 나머지 30~40%는 핵산이라는 물질로 이루어져 있었습니다.

핵산은 아주 단순해 보였어요. 실처럼 오로지 길게 죽 뻗어 있는 분자에 불과했지요. 반면 단백질은 종류도 많고 여기저기 탄수화물이 달라붙기도 하고, 이리저리 접히고 꼬이고 구부러져서 다양한 삼차원 모양을 이루고 있었어요. 따라서 많은 정보, 즉 유전정보를 저장할 수 있는 물질은 핵산이 아니라 단백질이라 생각하는 것이 순리에 맞는 듯했지요. 실같이 생긴 단순한 분자가 어떻게 많은 정보를 저장할 수 있겠어요?

이 문제를 해결하고자 여러 연구자가 애썼어요. 그런데 실험을 거듭하다 보니, 짐작과 달리 단백질이 유전물질이 아닐 수도 있다는 증거가 점점 드러났어요. 이윽고 1943년 에이버리, 매클라우드, 매카티가 세균의 형질이 단백질이 아니라 DNA(디옥시리보핵산)를 통해 전달된다는 것을 발견했어요. 단백질은 그저 염색체를 지탱하는 구조물일 뿐이었고, 유전정보를 저장한 물질은 핵산이었어요.

유전정보란 무엇일까

곧장 또 다른 궁금증이 생겨납니다. 그 유전물질에는 어떤 정보가 들어 있는 걸까요? 당연히 유전물질에는 생물의 모든 정보가 들어 있어야 할 거예요. 움직이고, 성장하고, 먹고 소화하고, 자식도 낳고, 기발한 착상을 내놓고, 우주 탐사선을 보내는 능력까지요. 그냥 실처럼 생긴 분자에 어떻게 그런 정보가 들어 있다는 걸까요? 아니, 그런 정보를 다 담을 수 있기는 할까요?

유전물질은 세포 안에 있으므로, 유전정보가 세포 안에 있는 무언가와 관련이 있지 않을까 하는 생각이 가장 먼저 떠오를 거예요. 유전자는 세포에 든 어떤 물질을 만들거나 어떤 활동을 지시하는 것이 아닐까요? 그리고 그 정보가 완두를 주름지게 하거나 매끄럽게 만드는 거지요. 그런데 이것이 어떻게 가능할까요? 완두 껍질을 이루는 물질을 덜 만들라고 하면 될까요? 씨 안을 덜 채우라고 하면 될까요?

연구자들은 돌연변이를 조사하면 이 수수께끼를 풀 수 있지 않을까 생각했습니다. 세균 같은 단순한 생물은 돌연변이로 유전정보가 바뀌었을 때 어떤 변화가 나타나는지 비교적 쉽게 알아낼 수 있을 테니까요. 돌연변이로 어떤 물질이 바뀌거나 특정 기능이 달라지면 유전자가 그 물질이나 기능에 관한 정보를 담고 있는 거겠지요?

1941년 곰팡이의 돌연변이를 연구하던 조지 비들과 에드워드 테이텀은 마침내 유전자가 특정한 효소를 만드는 일을 한다는 것을 밝혀냈어요. 그래서 그들은 '1유전자 1효소설'을 내놓았습니다. 즉 유전자 하나가 효소 하나를 만든다는 거였어요. 효소는 단백질의 일종입니다. 그러니 더 넓게 보면 유전자에는 단백질을 만드는 정보가 들어있는 것이 아닐까요? 실제로 연구를 계속하니 그렇다는 사실이 드러났습니다. 그렇다면 그 정보는 과연 어떻게 저장되어 있을까요? 핵산은 그저 실 같은 물질인데 말이에요.

DNA란 무엇일까

DNA의 이중나선 구조

연구자들이 유전정보가 무엇을 뜻하는지 알아내고자 애쓸 무렵에, 유전체를 이루는 핵산이 DNA라는 것은 이미 알려져 있었어요. 그리고 세포 안에는 RNA(리보핵산)라는 또 다른 핵산도 있었지요. 뒤에서 말하겠지만, RNA는 유전자가 단백질을 만들 때 연결고리 역할을 해요. DNA의 정보가 RNA로 옮겨지고, RNA 정보를 토대로 단백질이 합성되지요.

　화학자들은 핵산이 당, 염기, 인산으로 이루어졌다는 점도 밝혀냈습니다. 이 당, 염기, 인산으로 이루어진 기본 단위(뉴클레오타이드)가 줄줄이 이어진 것이 바로 핵산이라는 것도요.

그런데 이 DNA가 어떻게 유전정보를 저장할 수 있을까요? 이 의문은 DNA의 구조가 밝혀지면서 저절로 풀렸습니다. DNA의 구조는 1953년 제임스 왓슨과 프랜시스 크릭이 로절린드 프랭클린의 X선 사진을 사용해 밝혀냈어요. DNA는 아주 절묘한 구조를 이루고 있었습니다. 두 가닥이 결합해 나선형으로 비틀린 이중나선 구조였어요.

비틀린 이중나선을 똑바로 쭉 펼치면 사다리 모양이 됩니다. 사다리의 양쪽 기둥은 당과 인산으로 이루어져 있어요. 사다리의 단은 양쪽 기둥에서 뻗어 나온 염기끼리 서로 결합해서 만듭니다. 그런데 DNA에는 염기가 딱 네 가지예요. 이 네 염기가 둘씩 짝을 짓는데, 특정한 염기끼리만 결합해요. 염기는 아데닌(A), 타이민(T), 구아닌(G), 사이토신(C)이에요. 짝짓기 규칙은 간단합니다. A는 T와 결합하고, G는 C와 결합해요.

따라서 유전정보는 이 네 염기의 순서에 들어 있는 것이 분명했어요. 그런데 겨우 네 가지 염기로 어떻게 정보를 저장할까요? 그리고 어떤 정보를요?

앞에서 유전자에 든 것이 단백질을 만드는 정보라고 말했지요. 한편 과학자들은 DNA가 뉴클레오타이드라는 기본 단위로 이루어져 있듯이, 단백질도 아미노산이라는 기본 단위로 이루어진다는 사실을 밝혀냈어요. 그리고 단백질이 종류도 다양하

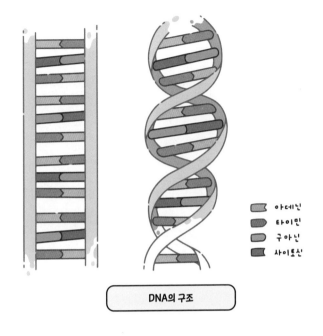

DNA의 구조

고 온갖 복잡한 삼차원 구조를 이루고 있지만, 죽 펼치면 핵산처럼 아미노산들이 한 가닥으로 줄줄이 이어진 모습이라는 것도 알아냈습니다. 또 줄줄이 엮여서 단백질을 만드는 아미노산이 20가지라는 것도요.

이렇게 보니 양쪽이 산뜻하게 들어맞는 듯했어요. 염기의 순서가 아미노산의 순서를 가리키는 것이 아닐까요? 그런데 염기는 네 가지이고 아미노산은 20가지이니까 맞지 않았어요. 이 문제를 해결하는 방법은 뻔해요. 염기를 3개씩 묶어서 한 조로 만들면 되지요. 즉 염기 3개가 아미노산 1개에 대응한다고 생각하면 돼요. 우리는 이진수를 이용하는 컴퓨터에 익숙하기에 이런 생각이 낯설지 않지요.

유전암호의 염기는 왜 네 가지일까

이렇게 DNA 염기 서열과 아미노산이 대응되는 규칙을 유전암호라고 합니다. 이 아미노산들이 줄줄이 이어져서 다양한 단백질을 만들어요. 단백질들은 세포 안에서 여러 물질과 복잡하게 상호작용 해 각 세포에 고유한 특징을 부여합니다. 그러면 뇌세포, 신경세포처럼 서로 다른 세포들이 생겨나요. 그런 세포들이 모여서 조직과 기관을 만들고, 이윽고 눈동자 색, 키 등 우리 눈에 보이는 특징(형질)을 갖추지요(이 부분은 2장에서 더욱 자세히 살펴봅시다).

아무리 그렇다고 해도 고작 네 가지 염기로 이루어진 단순한 구조가 어떻게 생물의 온갖 특징을 자손에게 전달할 수 있을까요? 역설적으로 바로 이 단순함 덕분에 DNA는 효율적인 유전 물질이 됩니다. 컴퓨터와 비교하면 금방 이해할 수 있을 거예요.

컴퓨터는 0과 1이라는 두 숫자만 써서 정보를 전달해요. 이 두 숫자만으로 온갖 정보를 저장하고 분석할 뿐만 아니라 인공지능을 구성하고 로봇과 우주선을 움직입니다. DNA는 네 개의 염기로 같은 일을 한다고 생각하면 간단합니다. 거꾸로 생각하면, 우리는 컴퓨터 시대를 살고 있기에 생물의 정보 저장과 활용 과정을 오히려 더 잘 이해할 수 있습니다.

말이 나온 김에 이야기를 더 끌고 가봅시다. 굳이 염기가 네 종류여야 할까요? 컴퓨터가 0과 1 두 숫자만 쓰는 것처럼, DNA도 A와 T 또는 G와 C만 써서 정보를 저장하면 안 될까요? 이론상으로 안 될 거야 없겠지만, 그랬을 때 이중나선의 안정성에 변화가 생길 수 있습니다.

화학적으로 A와 T, G와 C의 결합은 수소결합을 통해 이루어집니다. A와 T 사이에는 수소결합이 2개, G와 C 사이에는 3개가 형성되지요. 수소결합은 아주 약하지만 그래도 두 개짜리와 세 개짜리는 결합 강도가 다릅니다. A-T 결합이 많은 이중나선은 더 쉽게 떨어지겠지요. 따라서 A와 T로만 이중나선을 만들면 쉽게 분리되어 안정성이 낮아지게 됩니다.

반면에 G와 C로만 만들면 이중나선이 잘 분리되지 않을 거예요. 유전자가 단백질을 합성하려면 먼저 이중나선의 양쪽 가닥이 분리되어야 해요. 복제할 때도 마찬가지입니다. 세포가 분열해서 두 개로 늘어나려면 먼저 DNA를 복제해야 해요. 그래야 양쪽 세포에 유전정보가 다 들어갈 수 있으니까요. DNA는 이중나선의 두 가닥을 분리한 뒤 각각에 짝이 되는 염기들을 붙여

반대쪽 가닥을 완성하는 방식으로 복제돼요. 그런데 이중나선이 잘 분리되지 않으면 이 과정에서 좀 더 많은 에너지가 들 거예요. 그 외에도 DNA 복제와 유전자 발현 양상에 온갖 미묘한 변화가 나타날 것입니다. 또 뒤에서 살펴볼 후성 유전학 정보도 영향을 받을 거예요.

이런저런 복잡한 생화학적 문제들은 제쳐 두고, 두 가지 염기만으로 유전정보를 저장한다고 가정해 봅시다. A와 T를 쓴다고 해 볼까요? 그러면 무엇이 달라질까요? 이제 유전암호는 이진법이므로 비트로 나타낼 수 있습니다. 유전자가 단백질을 만들 때 사용하는 아미노산은 20가지이고, 거기에 더해서 단백질 합성을 시작하라는 명령을 내리는 개시 암호와 그만 끝내라는 종결 암호도 있어야 해요. 따라서 총 22가지 유전암호가 필요합니다. 그러니 암호는 최소한 5비트로 구성되어야 해요($2\times2\times2\times2\times2=32$). 3개가 아니라 5개로 유전암호가 만들어지므로, DNA 중 적어도 유전자가 있는 영역은 네 가지 염기를 이용할 때보다 그 길이가 1.67배 늘어납니다.

DNA가 길어지면 유전암호에 돌연변이가 생길 자리가 많아지고 유전자에 변화가 생길 확률이 높아집니다. 따라서 부정적이거나 긍정적인 영향이 일어날 가능성도 커져요. 그러면 진화가 더 빨라질지 모릅니다. 거꾸로 중요한 유전자에 돌연변이가 일어나 위험해지는 일을 막기 위해 오류를 교정하는 더 강력한 방법이 개발될 수도 있습니다. 컴퓨터공학에서 사용하는 패리티 검사처럼 말이에요.

DNA는 어떻게 복제될까

사실 DNA가 컴퓨터보다 복제할 때 발생하는 오류를 찾아내고 바로잡는 데 더 뛰어날 수 있습니다. 각각이 어떤 방식으로 오류를 찾는지 살펴볼까요?

컴퓨터는 흔히 패리티 검사로 정보에 오류가 있는지 확인합니다. 이를테면 0과 1이 0000100을 이루고 있을 때는 끝에 0을 덧붙이고, 0000110일 때는 끝에 1을 덧붙여서 1의 개수가 홀수가 되도록 하는 식이에요. 이때 덧붙이는 0이나 1을 패리티 비트라고 해요. 따라서 어딘가에서 전송받은 정보가 10001000이라면 오류가 난 것입니다. 패리티 비트는 0인데 1의 개수가 짝수이니까요. 하지만 11001000처럼 한 곳이 아니라 두 곳에서 오류가 났다면요? 컴퓨터는 알아차리지 못할 거예요.

그와 달리 DNA는 반대쪽 가닥을 참조하여 오류를 찾아냅니다. 염기 A는 T, C는 G와만 짝을 지으므로 이중나선 중 한쪽 가닥의 염기 서열이 ATTC라면 반대쪽 가닥은 TAAG가 됩니다. 이

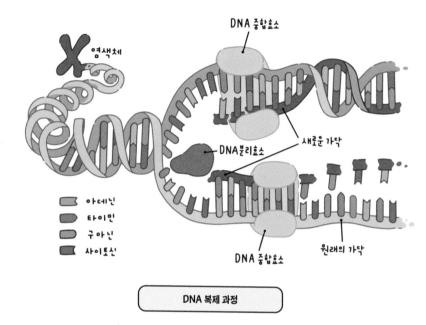

DNA 중합효소

X 염색체

DNA분리효소

새로운 가닥

아데닌
타이민
구아닌
사이토신

DNA 중합효소

원래의 가닥

DNA 복제 과정

렇게 A와 T, G와 C가 짝짓는 것을 상보적 결합이라고 해요. 따라서 한쪽 가닥이 ATTC인데 반대쪽 가닥이 GAAG라면 오류가 있다는 사실을 알 수 있지요.

더 넓게 보면 이중나선의 한 가닥만 있으면 나머지 가닥의 염기 서열을 알 수 있습니다. 즉 한 가닥만 있으면 나머지 가닥을 만들 수 있지요. DNA는 이러한 단순한 결합 규칙 덕분에 복제도 쉽게 할 수 있습니다. 이중나선의 두 가닥을 분리한 뒤 각각에 상보적인 염기들을 죽 붙이면 반대쪽 가닥이 완성되는 거예요.

이 과정을 통해 하나였던 이중나선이 두 개가 됩니다. 이 이중나선에서 한 가닥은 원래 있던 것이고 나머지 한 가닥만 새로 만들어진 것이므로 이를 반보존적 복제라고 해요. 로봇 한 대를 반으로 가른 뒤, 나머지 절반을 조립해 붙여서 두 대를 만드는 식이지요. 그렇게 해서 DNA는 자신이 지닌 유전정보를 고스란히 복제할 수 있습니다. 대단히 효율적인 정보 증식 방법이지 않나요?

복제 과정에서 오류는 없을까

당연히 오류가 생길 수 있습니다. 하지만 그 확률은 아주 낮습니다. DNA의 구조 자체가 정보를 잘 보존하고 복제에 매우 뛰어나기 때문이지요. 그렇다면 오류는 어떻게 생길까요?

먼저 DNA에 담긴 정보 자체가 바뀔 수 있습니다. 돌연변이를 통해서예요. 돌연변이는 넓게 보면 부모에게 없던 형질이 새로 생겨서 자손에게 유전되는 것을 가리킵니다. 원인은 DNA의 염기 서열에 일어난 변화입니다. DNA는 자외선, 방사선, 화학물질, 열 등 여러 요인으로 손상될 수 있어요. 그러면 당연히 수선이 이루어지지만, 이 손상과 수선 과정에서 염기 A가 C로 바뀌거나 A가 빠지거나 A가 하나 더 끼워지는 식으로 변화가 일어날 수 있습니다. 이것이 바로 DNA 돌연변이입니다. 염기 서열에 이런 변화가 일어나면 정보에 오류가 생깁니다.

아예 DNA나 염색체의 한 덩어리가 통째로 달라질 수도 있습니다. 이런 오류는 주로 세포분열 단계에서 발생합니다. 세포가 분열하기 전에 각 염색체는 앞서 말한 복제 과정을 거쳐서 두 개로 늘어납니다. 그런 뒤에 서로 떨어져 새로 생기는 두 세포로 나뉘어 들어가요. 그런데 이 과정에서 분리가 제대로 이루어지지 않아 끊기거나, 일부가 탈락하거나, 뒤집히거나, 끊긴 부위가 다른 쪽 염색체에 끼워지기도 해요. 아예 두 염색체가 한쪽 세포로 다 들어갈 수도 있습니다. 이런 염색체 돌연변이가 일어나면, 세포는 제대로 자라지 못할 가능성이 큽니다. 즉 다양한 방식으로 생기는 이런 정보 오류는 자칫 질병이나 죽음으로 이어질 수도 있지요.

생물은 이런 오류를 막거나 줄일 방법을 갖추는 쪽으로 진화했어요. 게다가 DNA의 이중나선이라는 구조 자체는 돌연변이를 억제하는 데 탁월합니다. 돌연변이로 ATTC 서열이 TTTC로 바뀌었다고 가정해 봅시다. 그랬을 때 반대쪽 가닥의 서열인 TAAG를 참고하여 오류를 교정할 수 있어요.

또 염기가 손상되었을 때 복구하는 기구도 있고, DNA가 끊길 때 다시 연결하는 기구도 있습니다. ATTC에 염기가 더 끼워져서 ATTCC가 되면 끼워진 염기를 찾아내 제거하는 기구도 갖추고 있어요. 복제할 때 정보가 맞는지 검사하는 도구도 있습니다. 그리고 세포분열을 시작하기 전에 DNA에 손상된 부위가 있는지 검사도 합니다. 검사할 때 문제가 발견되면, 세포분열을 중단하고 문제부터 해결하는 일에 몰두하지요.

그래도 오류가 해결되지 않고, 그 오류가 심각한 것이라면? 세포는 궁극적인 수단을 씁니다. 바로 자살하는 거예요. 세포에는 자체적으로 자살을 유도하는 기구도 들어 있어서, 돌연변이로 세포가 제 기능을 할 수 없다는 판단이 내려지면 세포 자살을 유도합니다.

세포 자살은 중요한 과정이에요. 문제가 생긴 세포가 계속 버티면 어떻게 될까요? 암세포로 바뀔 수도 있습니다. 또 노화 세포로 남아서 염증을 일으키고 몸의 기능을 떨어뜨릴 수도 있어요. 노화 세포는 말 그대로 늙어서 분열 능력도 없고 기능도 떨어진 세포입니다. 이런 세포는 없어져야 하는데 계속 남아서 문제를 일으키곤 합니다.

이렇게 세포는 돌연변이를 억제하기 위해 다양한 방법을 쓰지만, 그래도 모든 돌연변이를 막을 수는 없습니다. 나이를 먹을수록 돌연변이는 몸에 계속 쌓이게 마련입니다.

모든 돌연변이는 나쁠까

컴퓨터는 정보에 오류가 생기면 대부분 문제가 생기기 마련입니다. 컴퓨터는 융통성이 부족해서지요. 그래서 신경망이나 인공 지능 연구자들은 오류를 알아서 찾아내 바로잡거나, 오류가 있어도 어느 정도 잘 돌아가는 융통성을 갖춘 컴퓨터를 만들기 위해 애쓰고 있습니다.

반면 DNA는 돌연변이로 오류가 생겼을 때 부정적·중립적·긍정적 영향이 나타납니다. 어떤 중요한 단백질을 만드는 유전자에 돌연변이가 일어났다고 합시다. 그러면 그 단백질에 이상이 생길 확률이 높아지고 생명 활동에 심각한 문제가 발생할 수도 있어요. 그 단백질이 심장에 중요한 것이라면 심장마비가 올수도 있고, 호흡에 중요한 것이라면 숨을 제대로 못 쉴 수도 있습니다. 이처럼 몸에 이상이 생긴 동물은 금방 잡아먹힐 위험에처합니다. 따라서 그런 돌연변이는 나타나더라도 집단에 퍼지지못하고 사라질 운명을 맞기 쉬워요. 즉 중요한 기능을 하는 유전자에 생긴 오류는 부정적 영향을 미칠 가능성이 큽니다.

한편 돌연변이 대부분은 중립적이에요. 즉 오류가 고정되어도 별 영향이 없어요. 긴 DNA 가닥 중에서 정보를 지닌 영역이일부에 불과해서지요. 정보를 지닌 영역이란 단백질 암호를 지닌 유전자와 그것을 조절하는 부위를 말합니다. 그 외의 영역은 생명 활동과 큰 관련이 없습니다(물론 나름 어떤 역할을 하는데 우리가 아직 모르는 부위도 많이 있지요). 그런 영역에서는 돌연변이가 일어나 서열이 바뀌어도 별 영향이 없습니다.

이러한 특성 때문에 오히려 그런 영역에서는 돌연변이가 더 활발하게 일어납니다. 자연적으로 일어나는 돌연변이를 세포가 굳이 막으려 하지 않기 때문이에요. 돌연변이를 억제하는 기구를 만들고 사용하는 데에도 에너지와 자원이 필요하니까요. 세포는 더 중요한 DNA 영역에서 일어나는 돌연변이를 막는 데 치중합니다.

또 유전암호에는 중복이 있습니다. 앞서 유전암호는 DNA의 염기 서열과 아미노산을 대응시키는 규칙이라고 설명했지요? 한 아미노산을 가리키는 유전암호는 적게는 두 가지, 많게는 여섯 가지나 됩니다. 같은 동물을 개, 멍멍이, 댕댕이 등 여러 가지 이름으로 부르는 것과 비슷해요. 대개 한 유전암호를 이루는 세 염기 중 마지막 염기가 달라도 같은 아미노산을 가리키는 경우가 많습니다. 예를 들어 아르지닌은 유전암호가 CGU, CGC, CGA, CGG 등 여섯 종류이지요(전령RNA의 코돈 기준. 코돈에 관해서는 61쪽에서 알아봅시다). 따라서 CGU가 CGC로 바뀌는 돌연변이는 아무 차이가 없는 중립이 될 수 있습니다.

한편 돌연변이가 긍정적 영향을 미치기도 해요. 돌연변이로 생명 활동에 중요한 어떤 기능이 강화되거나 새로운 기능이 생기는 경우입니다. 예를 들어 어떤 세균에 돌연변이가 일어나 특정한 항생제에 저항성을 띨 수 있습니다. 또 돌연변이로 털이 더 길게 자란다면, 그 동물은 추위에 더 잘 견딜 수 있을 거예요. 돌연변이로 같은 유전자가 2개가 되는 유전자 중복이 일어날 때도 있습니다. 이런 중복은 장기적으로 보면 좋은 영향을 미칠 수도 있어요. 똑같은 유전자가 2개 있으면 하나에 돌연변이가 일어나도 별 영향이 없을 테니까요. 또 여분의 유전자는 돌연변이가 쌓여 새로운 기능을 가진 유전자로 진화할 수 있습니다.

식물은 염색체 수가 두 배로 늘어나는 배수화라는 돌연변이를 거치기도 합니다. 즉 염색체가 20개인 어느 식물이 40개로 늘어날 수도 있지요. 그러면 새로운 형질을 지닌 새로운 종이 될 수도 있어요. 이처럼 돌연변이는 길게 보면 새로운 생물종을 낳는 진화의 원천이기도 합니다.

생물은 엉성하지 않다

중복은 비효율적이지 않을까

생물은 얼마나 효율적일까요? 컴퓨터 프로그램은 효율적일수록 좋아요. 너저분한 프로그램은 시간도 전기도 많이 잡아먹으므로 프로그래머는 가능한 한 효율적인 프로그램을 짜려고 애씁니다. 생물도 그럴까요?

그렇다고 보는 학자들이 많습니다. 생물종은 짧게는 수만 년, 길게는 수억 년에 걸친 오랜 진화 과정의 산물이에요. 그 기나긴 세월을 거치면서 자신이 살아가는 환경에 가장 잘 적응하도록 모습과 행동이 다듬어지고 또 다듬어진 존재입니다. 바꿔 말하면, 그 환경에 완벽하게 들어맞아서 조금의 낭비도 없이 가장 효율적으로 살아갈 수 있도록 진화한 거예요.

하지만 자신이 살아가는 환경에 완벽하게 들어맞는다고 해서 반드시 좋기만 한 것은 아닙니다. 환경은 갑자기 변할 수도 있거든요. 어느 해에 갑자기 심한 가뭄이 들면 그 지역에 흔했던 작은 연못에 완벽하게 적응한 동물들은 다 사라질 수도 있습니다. 장기적으로 보면 그렇게 적응한 생물은 비효율적이라고 할 수도 있지요.

한편 DNA 자체를 보아도 비효율적인 것처럼 여겨지는 특징이 드러납니다. 중복된 유전암호가 대표적이에요. 굳이 유전암호를 중복해서 지닐 필요가 있을까요? 각 아미노산에 유전암호를 하나씩만 쓰는 편이 훨씬 효율적이지 않을까요?

놀랍게도 여기에는 수학이 관여합니다. 자연이 수학적이라고 여기는 사람이라면 마음에 들어 할 만한 사례입니다. 문자든 아미노산이든 가짓수가 많을수록 그것들을 가리키는 암호의 자릿수도 늘어날 수밖에 없어요. 표시해야 할 문자가 '가'와 '나' 두 개뿐이라면 1비트만으로 나타낼 수 있습니다. 0은 가, 1은 나로 지정하든지 0은 나, 1은 가로 지정하면 되지요. 문자가 4개라면? 2비트가 필요합니다. 00은 가, 01은 나, 10은 다, 11은 라로 정하면 돼요. 수학에서 단순한 경우의 수를 구하라는 문제와 같아요. 3비트라면 $2 \times 2 \times 2 = 8$가지 문자를 나타낼 수 있고, 4비트라면

$2 \times 2 \times 2 \times 2 = 16$, 8비트라면 $2^8 = 256$, 16비트라면 $2^{16} = 65,536$가지 문자를 나타낼 수 있어요.

그럼 아미노산 20가지를 지정하려면 암호가 몇 자릿수여야 할까요? 컴퓨터는 0과 1로 된 이진법을 쓰는 반면, 아미노산을 지정할 유전암호는 네 종류의 염기를 이용하여 만들어야 한다는 점을 염두에 둡시다. 즉 유전암호는 4진법을 써요. 한 자리에 4개의 염기가 들어갈 수 있으므로 한 자릿수로 된 유전암호는 아미노산 네 가지를 나타낼 수 있습니다. 두 자릿수라면 $4 \times 4 = 16$가지가 되겠지요. 하지만 아직 모자라네요. 그러니 적어도 세 자릿수는 되어야 합니다. 그러면 $4 \times 4 \times 4 = 64$가지가 되지요. 실제 유전암호는 세 자릿수입니다. 즉 염기 3개가 하나의 유전암호를 만들어요. 이 유전암호를 3염기 조합이라고도 부릅니다. 이렇게 되면 아미노산을 20가지가 아니라 60가지 만들고도 한참 남지요.

필요한 20개만 쓰고 나머지는 예비용으로 남겨 두면 안 될까요? 비록 지금은 사람 몸의 단백질에 20가지 아미노산만 쓰이지만, 그 외에도 아미노산의 종류는 많아요. 나중에 쓰일지 모를 새로운 아미노산을 위해 미리 준비해 두는 게 좋지 않을까요?

안타깝지만 진화는 그런 식으로 이루어지지 않아요. 진화는 앞을 미리 내다보지 않습니다. 그저 뭔가 필요해지면 여기저기

서 기존 것들을 가져다가 땜질해 만들어 쓰는 것이 진화의 방식이에요. 혹시 나중에 새로운 아미노산이 단백질에 쓰인다면, 그저 쓸 수 있는 여분의 유전암호가 있기 때문이지, 진화가 그 아미노산을 위해 미리 유전암호를 준비해 놓은 것은 아닙니다. 어쨌든 결과는 마찬가지이겠지만 해석은 달라요. 또 생물의 입장에서 보면, 언제 쓰일지 모르는 것을 위해 미리 여유분을 마련해 둔다는 것은 에너지와 자원의 낭비입니다.

생물은 남는 유전암호를 예비용으로 남겨 두지 않고 이용합니다. 앞서 이야기했듯이 두세 가지 유전암호가 한 아미노산을 가리키기도 합니다. 종결 암호도 3개가 있지요. 이처럼 유전암호는 중복되어 있습니다.

그러면 생물은 비효율적일까요? 이에 대한 답은 효율을 어떻게 보느냐에 따라 달라질 거예요. 효율은 들인 노력과 얻는 결과의 비율을 뜻합니다. 들인 노력에 비해 얻는 결과가 크면 '효율이 높다', '효율적이다'라고 하지요. 유전암호가 중복된 것이 비효율적이라고 볼 수도 있겠지만, 수학적으로 보면 유전암호는 세 자릿수일 수밖에 없고 남는 암호를 그냥 놔두는 대신 이용하는 편이 오히려 더 효율적이지 않을까요?

생물은 아주 다양하며 어떤 생물은 언뜻 봤을 때 모습이나 행동이 이상하고 비효율적으로 느껴질 수도 있습니다. 그러나 자세히 살펴보면 그런 모습이나 행동을 취할 수밖에 없는 타당한 이유가 있다는 사실이 드러나곤 해요. 사실 생물학자는 생물이 지극히 효율적 존재임을 염두에 두고서 연구를 합니다. 어떤 행동이나 모습이 쓸모없다면 굳이 있을 필요도 없고 연구할 필요도 없을 테니까요.

DNA에는 쓸모없는 것도 많다는데?

한 생물이 지닌 유전정보 전체를 유전체라고 합니다. 생물의 DNA 염기 서열 전체이지요. 사람의 유전체는 약 30억 개의 염기쌍으로 이루어져요. DNA가 이중나선이므로 아데닌(A)과 타이민(T), 사이토신(C)과 구아닌(G)이 결합한 것을 흔히 염기쌍이라고 표현해요. 그런데 그중에서 단백질을 만드는 유전자가 차지하는 영역은 2%에 불과합니다.

사람은 유전자가 약 2만 개입니다. 초파리는 약 1만 3,000개예요. 차이가 두 배도 채 되지 않지요. 그런데 초파리의 유전체는 염기쌍이 약 1억 7,000만 개로, 사람과 18배나 차이가 납니다. 그러니 초파리의 유전체가 더 효율적으로 배치된 것이 아닐까 하는 생각이 들 수 있어요. '사람의 유전체에 쓸모없는 염기쌍이 더 많이 들어 있는 것이 아닐까?' 하고요.

예전에는 생물학자들도 그렇게 생각했어요. 단백질을 만들지 않는 영역, 즉 비번역 영역을 정크(junk) 영역이라고 불렀어요. 쓰레기를 모아 놓은 곳이라는 뜻이었지요. 그런데 생물을 효율적으로 만드는 데 애쓰는 진화가 그런 쓰레기를 그냥 놔둔다는 것이 말이 될까요?

유전체가 크면 복제하는 데 에너지와 자원이 많이 듭니다. 쓰레기 복제에 에너지와 자원을 쓰는 것은 낭비예요. 게다가 유전체의 98%가 쓰레기라면? 유전체가 그렇게 거추장스럽게 크면, 복제할 때 끊기고 엉키고 훼손되는 등 온갖 문제가 생길 수밖에 없어요. 손상된 부위를 수리하고 필요한 유전자가 어디 있는지 찾기도 더 힘들 테고요. 우리 몸이 정말 그렇게 비효율적으로 돌아갈까요?

그런 의문을 품은 연구자들은 정크 영역을 계속 살펴보았어요. 그러자 나름의 기능을 지닌 영역들이 있다는 연구 결과가 조금씩 나오기 시작했습니다. 그리고 유전체 전체를 체계적으로 다시 살펴본 끝에 정크 영역의 대부분이 사실상 각자의 기능이 있다는 사실이 새롭게 드러났어요. 주로 유전자를 조절하는 일이었지요.

유전자는 염색체에서 단백질을 만드는 영역인데 조절되어야 해요. 세포의 종류에 따라, 발달 시기에 따라 세포가 필요로 하

는 단백질의 종류와 양은 달라집니다. 신경세포에서는 신호의 전달에 중요한 역할을 하는 단백질이, 근육세포에서는 근육을 움직이고 에너지를 생산하는 데 관여하는 단백질이 많이 생산되어야 하지요. 거꾸로 심장 세포에서는 소화액 생산에 관여하는 단백질이 만들어질 필요가 없어요.

즉 세포의 종류와 시기에 따라 어느 유전자를 켜고 어느 유전자를 끌지 결정해야 합니다. 이런 조절은 다양한 방식으로 이루어져요. 먼저 염색체에서 유전자 근처의 비번역 영역에는 그 유전자를 조절하는 데 관여하는 부위들이 있습니다. 그 부위에 이런저런 단백질이 달라붙거나 붙어 있던 단백질이 떨어지는 식이에요. 그런 일들이 일어날 때, 주변에 있는 유전자는 켜지거나 꺼지게 됩니다.

또 비번역 영역 중에는 DNA 가닥이 감겨 있는 형태에 변화를 줄 수 있는 부분들도 있습니다. 세포핵 안에서 DNA 가닥은 단백질에 촘촘히 감겨 있어요. 실이 실패에 촘촘히 감겨 있는 것과 비슷합니다. 다만 실패 하나에 감겨 있는 것이 아니라 구슬목걸이처럼 수많은 작은 단백질에 줄줄이 감겨 있어요. DNA 가닥이 단백질에 꽉 감겨 있으면, 유전자를 복제하거나 단백질을 생산할 때 필요한 효소가 달라붙기 어렵습니다. 즉 먼저 실을 실패에서 풀어야 쓸 수 있어요. 비번역 영역 중 많은 부분이 바로 그 일을 해요.

또 DNA의 비번역 영역에는 비번역 RNA를 만드는 영역이 많다는 것도 드러났어요. 비번역 RNA는 DNA에서 만들어지긴 하지만 단백질로 번역되지 않은 RNA를 가리킵니다. 긴 것도 있고 짧은 것도 있는데, 세포에서 다양한 일을 한다는 사실이 밝혀졌어요.

세포마다 활성을 띠는 유전자가 다르듯, 비번역 영역도 세포마다 쓰이는 부위가 다릅니다. 심장 세포에서 쓰이는 비번역 영역과 간세포에서 쓰이는 비번역 영역이 다를 거예요. 사람이 뇌를 10%만 쓴다는 잘못된 속설처럼, 정크 영역이 쓰레기라는 것도 잘못된 주장임이 드러나고 있습니다. 저마다 다른 세포들에서 쓰이는 부위를 모두 더하면, 거의 다 쓰이고 있을 수도 있어요.

앞서 말한 우주적 존재는 DNA를 중심으로 한 지구 생명이 엉성하다고 생각할지도 모릅니다. 언제 어디에서 일어날지 모를 돌연변이와 같은 불확정성과 우연에 의존하며, 유전체에서 유전자가 아닌 영역이 훨씬 더 많고, 환경 변화 등 예기치 않은 상황이 닥칠 때마다 유전체 어딘가에 처박아 두었던 기능을 대충 끌어다가 땜질하듯이 고쳐 쓰면서 진화하는 존재라고 말이에요.

하지만 그런 방식은 대단한 성공을 거두었습니다. 약 40억 년 전 첫 생명이 출현한 이래로 지구 생물은 수많은 격변을 헤치고 꿋꿋하게 살아남았을 뿐 아니라, 온갖 다양한 생물로 진화했으니까요. 게다가 생명이란 무엇인지를 묻는 인간까지 낳았지요. 생물과 진화는 때로 엉성해 보일 수 있지만, 사실은 그렇지 않답니다.

DNA 구조 발견의 의미

1859년 다윈은 《종의 기원》에서 모든 생물이 친척이라는 주장을 내놓았어요. 그리고 우리가 보는 온갖 생물이 자연선택의 결과라고 말했지요. 이렇게 다양한 생명 현상을 자연법칙으로 설명하려는 노력이 있었지만, 당시에는 생물이 자연법칙으로 설명할 수 없는 특별한 무엇이라고 생각하는 사람들이 많았어요. 생물에는 생명력이라는 영험한 기운이 깃들어 있으며, 생명력은 물리 법칙이나 화학 법칙으로 설명할 수 없다고 보았지요.

DNA는 이런 모호한 생각에 종지부를 찍었습니다. DNA는 산소, 탄소, 질소 같은 원자들로 이루어져 있어요. 물리 법칙과 화학 법칙을 그대로 따른다는 뜻이지요. 또한 그 말은 생물과 무생물을 구성하는 기본 물질이 똑같다는 뜻이기도 합니다. 생물도 무생물과 똑같은 원소들로 이루어져 있었던 것이지요! 따라서 모든 생물의 토대를 이루는 DNA 구조를 발견한 것은 생물이 우리가 실험을 통해 분석하고 파악할 수 있는 물질로 이루어져 있다는 사실을 증명한 것과 같아요.

그러자 생명의 다양성, 생물들의 유사점과 차이점, 돌연변이 같은 현상들을 하나로 엮을 수 있게 되었습니다. 모두 DNA라는 기본 물질에서 비롯된 현상들이니까요. 세포 속에서 벌어지는 일들을 이해하고, 유전병이나 암 같은 질병들도 연구하고 치료할 수 있게 되었어요. 그뿐 아니라 인류와 조상을 찾아내고, 작물과 가축의 품종을 개량하고, 유전자 지문을 분석하여 친자 관계를 확인하고 범인을 찾아낼 수 있게 되었습니다. 더 나아가 줄기세포와 복제를 통해 난치병을 치료하거나 손상된 장기를 교체하고, 멸종 위기에 놓인 생물을 구하는 일도 머지않아 이루어질 것이라는 희망도 품게 되었지요.

하지만 모든 과학 지식이 그렇듯이, DNA 지식도 좋은 방향만이 아니라 나쁜 방향으로도 쓰일 수 있어요. 과학 지식은 깊어질수록 일반 대중과 멀어지는 경향이 있습니다. 너무 어려워지기 때문이에요. 하지만 깊어질수록 우리 삶에 미치는 영향은 더 커집니다. 우리가 생명의 비밀을 점점 더 깊이 알아낼수록 영향력은 더 커질 테고요. 따라서 DNA와 관련된 지식을 바르게 알고, 그 지식이 우리 삶에 어떤 영향이 미칠지 제대로 파악하고 판단하는 것이 점점 더 중요해질 거예요.

2

DNA는 어떻게
몸을 만들까?

DNA에서 단백질로

DNA에는 생물을 만들 수 있는 정보가 들어 있습니다. 모든 생물은 DNA를 지니고 있으며, DNA가 없이는 살아갈 수도 없고 자손을 낳을 수도 없어요. 다만 DNA가 없는 RNA 바이러스라는 특이한 존재가 있긴 합니다. 바이러스가 생물인지 아닌지를 떠나서, 이들도 증식하려면 DNA가 필요해요.

인간처럼 커다란 생물의 몸은 많은 세포로 이루어져 있는데, 각 세포에는 그 생물 전체를 만들 수 있는 DNA가 들어 있습니다. 따라서 원리상 세포 하나만 있으면 생물을 만들 수 있어요. 그렇게 이미 존재하는 생물의 일부를 떼어 내서 만든 것이 원본의 사본, 즉 복제물입니다. 이를 클론이라고 부르지요.

식물은 동물보다 클론을 만들기 쉬워요. 개나리나 국화는 가지를 꺾어 땅에 꽂으면 새 클론이 됩니다. 이렇게 식물을 번식시키는 방법을 꺾꽂이라고 하는데, 아주 오래전부터 활용되어 온 기술입니다. 실험실에서는 조직 배양으로 새 클론을 만들어요. 잎이나 줄기, 뿌리를 한 조각 잘라서 배양액에 넣으면 새로운 클론이 자라납니다. 값비싼 산삼도 조직 배양을 할 수 있어요.

아예 세포를 하나하나 분리한 다음 배양해서 클론을 만들 수도 있습니다. 이를 세포 배양이라고 해요. 세포 안에는 리보솜, 미토콘드리아 등 다양한 세포소기관이 있는데, 진핵생물의 DNA는 핵 속에 들어 있습니다. 그렇다면 핵만 꺼내어 클론을 만들 수도 있지 않을까요? 가능합니다. 30여 년 전 세상을 떠들썩하게 한 복제 양 돌리를 비롯해 개, 고양이, 쥐, 소 등의 복제 동물이 바로 이 방법으로 태어났어요. 이를 체세포 핵 이식이라고 해요.

체세포 핵 이식은 체세포의 핵을 난자에 이식하는 것입니다. 난자는 새로운 생물로 발생할 능력을 지니고 있어요. 즉 뇌세포, 뼈세포, 심장 세포 등 몸을 이루는 모든 세포를 만들 능력이 있지요. 난자에 원래 있던 핵을 빼내고 대신 성체 세포의 핵을 집어넣으면, 난자의 세포질에 있던 성분들이 작용해 성체의 핵이 다시 발생 단계를 밟도록 만듭니다. 그렇게 성체의 클론이 생겨 나지요.

한 단계 더 나아가 볼까요? DNA에 들어 있는 것은 정보이므로 그 정보만 빼내어 클론을 만들 수도 있지 않을까요? 그것이 가능하다면 생명체는 굳이 뼈와 살로 이루어진 몸을 고집할 필요가 없어요. 정보는 다양한 매체에 담을 수 있고 다양한 방식으로 작동시킬 수 있을 테니까요. SF 영화에서 흔히 볼 수 있듯이 인터넷을 돌아다니며 살 수도 있고, 로봇의 몸을 가질 수도 있겠지요. 어쩌면 '너'와 '나'라는 구분조차 없어질지 모릅니다. 아예 모든 생물의 정보를 모아 놓고 필요할 때마다 적절한 모습과 인격 혹은 개성을 짜 맞추어서 만드는 것도 가능할지 몰라요.

물론 우리는 아직 여기까지 나아가지 못했습니다. 따라서 지금은 어느 생물의 세포 속을 들여다보아도 똑같이 비비 꼬인 긴 이중나선에 불과한 DNA가 어떻게 80억 명이나 되는 개성이 각기 다른 사람들, 100만 종이 넘는 곤충과 열대우림에 사는 온갖 식물을 만들 수 있을까 하는 문제에 초점을 맞출 수밖에 없습니다.

멘델은 입자, 즉 유전자 하나가 큰 키, 작은 키 같은 형질 하나를 만든다고 생각했어요. 그렇다면 정말 간단하겠지요. 키를 정하는 유전자, 발 크기를 정하는 유전자, 머리카락 굵기를 정하는 유전자를 찾아내기만 하면 될 테니까요.

하지만 실제로는 그렇지 않아요. DNA나 유전자가 직접 검은 눈, 오뚝한 코, 날씬한 다리를 만드는 것은 아닙니다. DNA에서 멋진 몸이 만들어지려면 무수한 단계를 거쳐야 하고 여기에는 온갖 물질이 관여합니다. DNA 구조가 발견된 이후 과학자들은 그 과정을 밝히고자 부단히 노력해 왔어요. 하지만 아직도 끝은 보이지 않습니다.

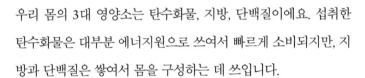

유전자와 단백질의 관계

우리 몸의 3대 영양소는 탄수화물, 지방, 단백질이에요. 섭취한 탄수화물은 대부분 에너지원으로 쓰여서 빠르게 소비되지만, 지방과 단백질은 쌓여서 몸을 구성하는 데 쓰입니다.

우리 몸을 이루는 성분의 비율을 보면 물이 약 60%, 지방이 약 15~25%, 단백질이 약 15~20%입니다. 살진 사람일수록 지방의 비율이 더 높겠지요. 나머지는 무기질이 약 4~5%, 탄수화물이 약 1%입니다.

칼슘, 인, 소듐(나트륨) 같은 무기질은 원자나 분자, 화합물이므로 음식을 통해 얻어요. 3대 영양소도 음식을 통해 섭취하지만, 일단 소화기관에서 기본 성분으로 분해된 뒤에 흡수되어, 몸에서 다시 필요한 형태로 합성됩니다. 즉 우리 몸은 글리세롤과 지방산으로 지방을 합성하고, 단순한 당을 결합해서 탄수화물을 만들고, 아미노산을 이어 붙여서 단백질을 만듭니다. 즉 세포는 이 세 가지 물질을 다 합성합니다.

그런데 왜 유전자를 이야기할 때면 단백질만 강조하는 걸까요? 유전자는 단백질만 만들까요? 탄수화물과 지방은 만들지 않을까요? 맞아요. 유전자는 단백질만 만들어요. 유전암호가 오로지 단백질의 구성 성분인 아미노산에 대응한다는 점을 생각해 보면 알 수 있지요. 탄수화물과 지방은 단백질의 일종인 효소가 촉매하는 생합성 과정을 통해 세포에서 합성됩니다. 유전자는 다양한 단백질을 만들며 세포는 이 단백질들을 이용해 몸에 필요한 온갖 지방과 탄수화물을 비롯한 성분들을 합성하는 것이지요.

근육과 심장을 비롯해 몸의 구조를 만드는 주된 성분은 단백질이므로 DNA의 정체가 밝혀지자 과학자들은 DNA에서 어떻게 단백질이 만들어지는지 알고 싶어 했습니다. 첫 번째 단서가 된 것은 낫 모양 적혈구 빈혈증이었어요.

이 질병은 아프리카 일부 지역의 유전병으로, 아프리카계 사람에게서 흔히 발견됩니다. 혈액의 산소 농도가 낮을 때 적혈구가 낫 모양으로 변하고, 낫 모양 적혈구가 산소를 제대로 운반하지 못해 빈혈이 생기는 병입니다. 또 낫 모양 적혈구가 혈관을 막아 뇌출혈이 일어나기도 해요.

과학자들은 정상인과 낫 모양 적혈구 빈혈증이 있는 사람의 적혈구에 든 헤모글로빈 단백질의 아미노산 서열을 비교했어요. 빈혈증이 있는 사람의 단백질은 여섯 번째 아미노산이 글루탐산에서 발린으로 바뀌어 있었어요. 즉 아미노산 하나가 달라져서 빈혈이 생긴 것이지요.

낫 모양 적혈구 빈혈증은 유전되므로 유전자가 이 병의 근본 원인임이 분명했습니다. 그런데 병의 직접적 원인은 단백질의 아미노산 서열이 바뀐 것이므로, 이 단백질에 일어난 변화는 유전자에 일어난 변화 때문이라는 뜻이 됩니다. 즉 돌연변이로 유전자의 염기 서열이 바뀌어서 아미노산 서열이 바뀌었다고 추측할 수 있지요. 결론적으로 낫 모양 적혈구 빈혈증은 유전자 돌연변이로 생기는 질병입니다.

돌연변이가 일어나면 단백질에 변화가 생기고, 그 결과 형질에도 변화가 나타날 수 있어요. 따라서 유전자의 염기와 단백질 사이에는 대응 관계가 있습니다. 그런데 어떻게 대응할까요? 유전자에서 직접 단백질이 만들어지는 걸까요, 아니면 간접적으로 만들어질까요?

유전자는 직접 단백질을 만들까

DNA는 실처럼 한 가닥으로 죽 뻗어 있습니다. 단백질도 복잡한 삼차원 모양을 하고 있지만 쭉 펼치면 실처럼 한 가닥으로 이어져 있어요. 즉 DNA 실에서 단백질 실이 만들어지는 셈이지요.

그런데 어떻게 만들어질까요? DNA 이중나선의 홈에 아미노산을 하나씩 끼워 넣는 건 어떨까요? 아주 단순하고 산뜻할 텐데 말이에요. 처음 유전자와 단백질이 대응한다는 사실을 알아차렸을 때, 실제로 이렇게 생각한 과학자들도 있었습니다. 하지만 홈의 모양과 아미노산의 모양이 맞지 않았어요. 염기와 아미노산을 연결하는 물질이 있어야 했습니다.

이 문제를 연구하던 과학자들은 DNA 외에 또 다른 핵산이 있다는 것을 알고 있었어요. 바로 RNA였습니다. 단백질이 많이 생산되는 세포에는 RNA도 많았어요. 과학자들은 RNA가 어떤 식으로든 단백질 합성에 관여한다고 생각했습니다.

이 문제를 푸는 올바른 방향을 제시한 사람은 프랜시스 크릭이었어요. 그는 RNA가 DNA와 단백질을 잇는 중간물질이라고 생각했습니다. 즉 DNA → RNA → 단백질로 유전정보가 전달된다고 보고, 그것을 중심 원리라고 지칭했어요. 또 아미노산에 달라붙는 어댑터라는 분자가 있다고도 추측했지요. 어댑터는 아미

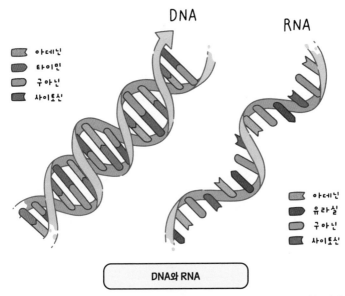

DNA

RNA

아데닌
타이민
구아닌
사이토신

아데닌
유라실
구아닌
사이토신

DNA와 RNA

화학 구조상 RNA는 DNA와 당의 종류만 다를 뿐 똑같다. RNA에는 리보스라는 당이, DNA에는 디옥시리보스라는 당이 들어 있다. 염기도 타이민(T) 대신 유라실(U)이 있다는 것 외에 다른 점이 없다. 하지만 이런 작은 구조 차이가 DNA와 RNA의 큰 행동 차이를 낳는다.

노산과 결합한 뒤 단백질 합성이 일어나는 장소로 이동하며, 그 어댑터 분자도 작은 RNA라고 추정했어요.

그의 추측은 옳았습니다. 단백질이 DNA에서 직접 합성되는 것이 아니라 리보솜에서 합성된다는 것이 밝혀졌거든요. DNA는 핵 안에 있지만 리보솜은 핵 바깥에 있어요. 따라서 DNA의 유전정보가 어떻게든 핵 바깥의 리보솜으로 전달되어야 했지요.

그 역할의 주인공이 바로 전령RNA(mRNA)였어요. 또 아미노산이 작은 RNA 분자와 결합한다는 사실도 밝혀졌어요. 크릭이 말한 어댑터 분자였습니다. 아미노산마다 결합하는 어댑터 분자가 다르다는 사실도 알려지며 이 어댑터 분자들에 운반RNA(tRNA)라는 이름이 붙여졌습니다. 또 단백질 합성 공장인 리보솜이 또 다른 RNA(rRNA)들과 여러 단백질이 모여서 만들어진다는 점도 밝혀졌습니다. 즉 단백질 합성에 관여하는 RNA가 세 종류라는 사실이 드러난 것이지요.

이를 바탕으로 DNA가 단백질을 합성하는 과정을 설명할 수 있게 되었어요. 단백질 합성은 두 단계로 이루어집니다. 먼저 DNA에서 mRNA가 만들어진 뒤(전사), mRNA가 리보솜으로 이동합니다. 리보솜에서는 tRNA들이 가져온 아미노산들을 mRNA의 유전암호에 따라 이어 붙여 단백질을 합성하지요(번역 또는 해독 과정).

듣고 있으면 너무 복잡해 보입니다. 다소 비효율적이라는 생각도 들 수 있어요. 이중나선의 홈에 아미노산이 직접 끼워지지 않는다고 해도, 그냥 단순히 중간물질 하나를 끼워서 합성하면 안 될까요? 사람의 손이 암나사와 수나사를 짝짓듯이 말이에요. 단백질 합성이 왜 이토록 복잡하게 일어나도록 진화했는지는 알 수 없지만, 단계마다 조절이 이루어질 수 있다는 것은 나름의

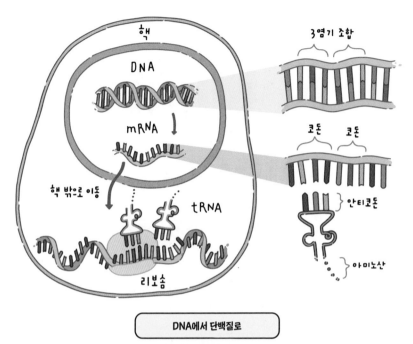

초

DNA

3염기 조합

mRNA

코돈   코돈

핵 밖으로 이동

tRNA

안티코돈

아미노산

리보솜

DNA에서 단백질로

유전자에서 단백질이 만들어지는 과정은 DNA→RNA→단백질의 순서로 이루어진다. DNA의 유전정보를 핵 바깥의 단백질 합성 공장 리보솜으로 전달하는 것은 전령RNA(mRNA), 아미노산을 리보솜까지 가져오는 역할은 운반RNA(tRNA)가 한다. 유전암호 중 mRNA에 있는 것을 코돈, tRNA에 있는 것을 안티코돈이라고 부른다.

장점입니다. 세포는 필요할 때 각 단계에서 합성 속도와 생산량을 조절할 수 있어요.

이제 어떤 3염기 조합이 어떤 아미노산에 대응하는지 찾아내는 일만 남은 셈이었어요. 즉 대응 규칙을 밝혀내야 했지요. 맨처음 그 일을 해낸 사람은 마셜 니런버그였습니다. 남들이 생

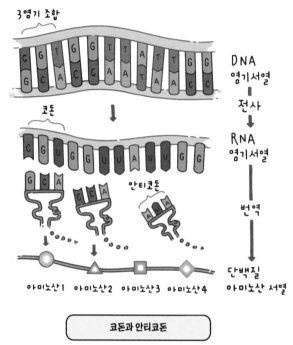

코돈과 안티코돈

DNA의 3염기 조합에서 RNA 코돈이 전사되므로 둘은 상보적이며, 코돈과 안티코돈도 상보적 결합을 한다. 따라서 DNA의 3염기 조합과 안티코돈은 염기 서열이 똑같다. T 대신 U가 쓰일 뿐이다.

물에 든 RNA를 살펴보는 데 열중할 때, 그는 발상을 전환해서 RNA를 직접 합성했어요. UUUUUU…처럼 유라실(U) 염기로만 된 RNA였지요. 그는 그 RNA를 리보솜이 든 시험관에 넣었습니다. 그러자 페닐알라닌이라는 아미노산만으로 된 폴리펩타이드(아미노산들이 죽 연결된 것)가 만들어졌어요. 따라서 페닐알라

닌의 유전암호는 UUU였습니다. 이어서 고빈드 코라나 등 여러 과학자가 나머지 63개의 유전암호를 밝혀냈습니다. 그렇게 해서 DNA에서 단백질이 만들어지는 기본 과정이 모두 설명되었어요.

일부 예외가 있긴 하지만 바이러스에서 세균, 곰팡이, 식물, 동물, 사람에 이르기까지 지구의 모든 생물은 똑같은 유전암호를 사용합니다. 모든 생물이 공통 조상에서 유래했다는 강력한 증거이지요.

유전자를 켜고 끌 수 있다고?

유전자 발현 조절

하나의 수수께끼가 풀리면 새로운 수수께끼가 나타나기 마련입니다. 단백질 합성 과정이 밝혀지자 또 다른 의문들이 생겨났습니다. 왜 어떤 단백질은 많이 만들어지는데 어떤 단백질은 적게 만들어질까요? 왜 어떤 단백질은 뇌에서만 만들어지고 피부에서는 만들어지지 않을까요? 또 간에서만 만들어지는 단백질도 있고, 뼈에서만 만들어지는 단백질도 있습니다. 이렇게 합성되는 단백질의 종류와 양은 세포마다 달라요. 또 한 세포에서도 시기마다 차이가 있어요. 모든 세포에 똑같은 유전자가 들어 있는데 어떻게 이럴 수 있을까요? 이는 전등을 켜고 끄는 것처럼, 세포가 유전자들을 필요할 때 켜고 끄기 때문입니다. 이런 조절은 어떻게 이루어질까요?

조절 과정을 맨 처음 밝혀낸 사람은 프랑수아 자코브와 자크 모노였습니다. 이들은 유전자의 전사를 막는 억제 인자가 있다고 추측했어요. 억제 인자가 DNA에 결합하면 유전자에서 RNA가 전사되지 못하리라고 생각했어요.

그들은 대장균을 연구했는데 대장균은 원핵생물입니다. 세포 안에 핵이 없으면 원핵생물이고 핵이 있으면 진핵생물이에요. 원핵생물과 진핵생물은 유전자 조절 양상이 다릅니다.

대장균은 포도당을 먹고 자랍니다. 그런데 주위에 포도당이 없다면 어떻게 될까요? 꿩 대신 닭이라고, 대장균은 다른 당을 찾습니다. 젖당이 있으면 젖당을 대신 먹어요. 대장균은 흡수한 젖당을 분해해서 포도당을 만듭니다. 즉 포도당이 없을 때는 젖당을 분해해 포도당을 만들어 에너지원으로 쓰지요.

젖당을 분해하려면 분해 효소를 만들어야 합니다. 효소를 만드는 데에도 에너지와 자원이 들기 때문에, 포도당이 있다면 그 효소를 만들지 않는 편이 나아요. 그래서 대장균은 필요가 없을 때는 그 효소 유전자를 꺼둡니다. 어떻게 끄는 걸까요?

자코브와 모노는 DNA 가닥에서 유전자 앞쪽에 유전자를 조절하는 부위가 있다고 추정했습니다. 조절 부위에 억제 인자가

결합하면, 전사가 일어나지 못해 단백질 합성이 중단된다고 보았지요. 포도당이 있을 때는 젖당을 분해할 단백질을 만드는 유전자가 억제됩니다. 포도당이 없고 젖당만 있다면? 젖당은 억제 인자와 결합해요. 그러면 억제 인자의 모양이 바뀌어 조절 부위에 결합할 수 없겠지요. 그러면 전사가 시작됩니다.

나중에 억제 인자는 DNA에 결합하는 단백질이라는 사실이 밝혀졌어요. 따라서 억제 인자를 만드는 유전자도 있습니다. 그것을 조절 유전자라고 해요. 즉 조절 유전자가 만든 단백질이 구조 유전자(조절 유전자가 아닌 유전자)의 조절 영역에 결합해 발현을 조절하는 것이지요. 대개 조절 영역 하나에 여러 구조 유전자가 딸려 있습니다. 같은 일을 하는 유전자들을 묶어서 한꺼번에 조절하는 방식이에요. 이렇게 해서 유전자와 단백질이 복잡한 상호작용을 한다는 점이 드러났습니다.

조절은 언제 어디서 일어날까

특히 진핵생물은 조절 방식이 더 복잡합니다. 다양한 인자가 관여하고, 서로 관련된 일을 하는 유전자들이 모여 있지 않고 염색체 여기저기에 흩어져 있기도 해요. 이처럼 진핵생물은 원핵생물보다 복잡하고 다양하므로, 조절 양상도 그만큼 복잡하고 다양할 수밖에 없습니다. 사실상 상상할 수 있는 온갖 방법이 다 동원되는 것처럼 보입니다. 단백질 합성을 억제하는 대신에 촉진하는 부위도 있고, 염색체의 구조 자체도 조절에 관여하지요.

또 조절은 전사 단계에서만 아니라 전사가 끝난 뒤에도 이루어집니다. 진핵생물의 유전자는 엑손과 인트론으로 이루어져 있어요. 붕어빵을 굽는다고 해 봅시다. 묽은 반죽을 틀에 붓고 팥을 넣은 뒤 반죽을 좀 더 붓습니다. 그리고 덮개를 덮고 틀을 뒤집어 가며 굽습니다. 잠시 시간이 지난 뒤 덮개를 열면 붕어빵이 맛있게 익어 있을 거예요. 이제 붕어빵을 꺼내 반죽이 비어져 나온 가장자리를 떨어내면(그 부위가 더 맛있을 때도 있지만) 완성!

유전자의 엑손이 바로 이 붕어빵 몸통이고, 인트론은 떨어내는 부위라고 보면 됩니다. 다만 떨어내는 부위가 몸통 안쪽에도 군데군데 있다는 점이 다를 뿐이에요. 전사되어 나온 mRNA 전사체에는 엑손과 인트론이 둘 다 들어 있습니다. 나중에 전사체에서 인트론 부위가 잘려 나가고 엑손들이 이어 맞추어집니다. 이때 필요한 엑손만을 골라 맞춤으로써 여러 가지 mRNA를 만들 수 있어요. 이를 선택적 이어 맞추기라고 해요. 또 만들어진 mRNA를 보존하거나 빨리 분해하는 방법도 쓰입니다.

번역 단계나 번역 후 단계에서도 조절이 이루어지지 말라는 법이 없지 않을까요? 실제로 mRNA가 리보솜에 결합하는 것을 막는 방법도 쓰입니다. 또 번역되어 나온 단백질에 당이나 인산 같은 물질이 붙어서 활성을 조절하거나, 단백질의 분해 속도를 달리하는 방법도 있고요. 또 단백질들이 서로 결합해 복합체를 이루는 방법도 있습니다.

이런 다양한 조절 방법들은 단백질 합성이 질적으로나 양적으로 조절된다는 것을 보여 줍니다. 세포는 유전자들을 켜고 끄는 것만이 아니라 다양한 방식으로 단백질의 종류와 양을 조절합니다.

유전자 발현 조절이 필요한 이유

우리 같은 다세포생물에게 유전자 조절은 매우 중요합니다. 세포 수준을 넘어서 우리의 복잡한 몸을 만드는 데 핵심적인 역할을 하기 때문이지요. 특히 발현 조절은 수정란에서 발생이 이루어질 때 다양한 종류의 세포를 만드는 데 관여합니다.

우리 몸의 세포들은 모두 똑같은 유전체를 지니고 있습니다. 같은 수정란에서 분열되어 나온 세포들이기 때문이에요(우리 몸에 사는 세균이나 기생충의 세포는 제외). 하지만 그 세포들은 심장 세포, 간 세포, 뇌세포 등으로 분화해 있습니다. 똑같은 유전자들을 지닌 세포들이 이렇게 형태와 기능이 제각기 다른 이유는 유전자들의 발현 양상이 다르기 때문이에요.

처음에 하나의 세포였던 수정란은 세포분열을 거듭하면서 세포 수가 빠르게 늘어납니다. 불어난 세포들은 유전자의 발현 양상이 서로 달라지면서 서서히 서로 다른 세포로 분화해요. 그러면서 비슷한 세포들끼리 무리를 지어서 각각의 조직과 기관의 형태를 갖추어 가지요.

맨 처음 세포, 즉 수정란은 모든 종류의 세포를 만들 수 있습니다. 일종의 줄기세포예요. 발생이 진행될수록 세포들은 점점 분화하면서 능력을 조금씩 잃습니다. 결국 일부 세포를 제외한 대부분은 한 종류의 세포만을 만드는 최종 분화 세포가 됩니다.

뇌, 심장, 위장 등 신체 부위마다 하는 일이 다르니 쓰이는 유전자도 다를 수밖에 없어요. 뇌에서 주로 발현되는 유전자와 위장에서 주로 활동하는 유전자는 서로 다르지요. 양쪽 세포에서 유전자 발현이 서로 다르게 조절되기 때문입니다. 세포들의 분화가 다 이루어지면, 세포는 대부분 분열해서 같은 종류의 세포만을 만들어요. 피부 세포는 피부 세포만, 창자 세포는 창자 세포만 만드는 거지요. 새로 만들어지는 세포는 병들거나 손상되거나 늙은 세포를 대체하면서, 해당 부위의 기능을 유지하는 데 기여합니다. 이런 유전자 발현 조절에 문제가 생기면 암이 생길 수도 있어요.

줄기세포와 생물 복제

세포의 시계를 되돌릴 수 있을까

분화한 세포는 원래의 능력을 완전히 잃을까요? 분화한 체세포를 다시 줄기세포로 되돌릴 수 있을까요? 이 의문을 푸는 데 쓰인 방법은 바로 생물 복제였어요.

대개 식물은 되돌리기가 쉬워요. 꺾꽂이나 휘묻이 등은 식물의 탈분화 능력을 이용한 증식 방법입니다. 또 나뭇잎이든 뿌리든 한 조각을 잘라 배지에 넣어서 탈분화를 일으킨 뒤, 새 식물로 발달시키는 방법은 이미 농업 등의 분야에서 널리 쓰이고 있어요. 하지만 동물은 최근까지도 그렇지 못했습니다.

동물을 대상으로 한 실험에서 처음으로 성공을 거둔 사람은 미국의 브릭스와 킹이었어요. 그들은 수정되지 않은 개구리 알 (난자)에서 핵을 제거했어요. 그런 다음 개구리 배아에서 빼낸 핵을 그 난자에 넣었지요. 난자에 원래 있던 핵을 다른 핵으로 바꿔치기 한 거예요. 그러자 정상적인 개구리가 자랐습니다. 복제에 성공한 거예요. 하지만 배아 단계보다 더 자란 세포, 즉 더 분화한 세포의 핵을 넣었을 때는 성공하지 못했습니다.

1962년 존 거던은 다른 종류의 개구리를 이용해 비슷한 실험을 했어요. 그는 완전히 분화한 성체의 창자 세포에서 핵을 빼내어 미수정란의 세포질에 이식했습니다. 그러자 정상적인 올챙이가 자라났어요. 아쉽게도 그 올챙이는 개구리까지 자라지 못했습니다. 이 실험은 완전히 분화한 세포의 핵도 줄기세포의 능력을 지닌다는 의미였어요.

하지만 반박도 나왔어요. 거던이 쓴 세포가 창자 세포가 아니라 사실은 창자에 남아 있던 미분화 세포라는 주장이었지요. 실제로 개구리의 창자에는 미분화 세포들이 있었어요. 아무튼 그의 실험이 복제 연구에 불을 지핀 것은 분명했습니다.

양서류인 개구리의 발달 과정을 되돌리는 데 성공했으니, 포유류도 가능하지 않을까요? 곧 여러 과학자가 포유류의 세포핵으로 클론을 만드는 실험에 뛰어들었습니다. 당시 주로 쓰이던 포유류 실험동물은 생쥐였으므로 자연스럽게 생쥐가 실험 대상이 되었어요. 연구자들은 생쥐 배아 세포의 핵을 미수정란에 넣었습니다. 하지만 모두 실패했어요.

돌파구를 마련한 사람은 덴마크의 스틴 빌라드센이었습니다. 가축을 연구하는 학자였던 그는 실험동물로 양을 택했어요. 그는 핵을 제거한 미수정란에 양의 배아에서 꺼낸 핵을 넣은 뒤, 암양의 자궁에 착상시켰어요. 그 결과 1984년 새끼 양이 태어났습니다. 사실상 최초의 포유동물 클론이었지요.

배아 세포의 핵을 복제하는 데 성공했으니, 이제 성체 세포의 핵을 복제하는 일이 남았어요. 그 일에 성공해야 완전히 분화한 핵의 발달 과정을 되돌릴 수 있다는 것이 증명됩니다.

그 과제를 마무리한 사람은 이언 윌머트입니다. 1996년 윌머트는 성체 세포의 핵을 써서 양을 복제하는 데 성공했어요. 그렇게 탄생한 게 바로 복제 양 돌리였습니다. 윌머트는 완전히 분화한 체세포의 핵을 수정란에서 발생을 시작할 때의 상태로 되돌리는 것이 성공의 열쇠라고 판단했어요. 그가 택한 방법은 젖샘 세포를 굶기는 것이었습니다. 그는 젖샘 세포를 생존에 필요한 최소한의 양분만 든 배지에서 키웠어요. 그러자 세포는 분열을 멈추고 휴지기에 들어갔습니다. 윌머트는 그 세포의 핵을 원래 있던 핵을 빼낸 난자에 집어넣었어요. 그러자 난자는 정상적인 수정란처럼 발생을 시작했어요. 즉 난자의 세포질에 있는 성

이언 윌머트(1944~2023)와 복제 양 돌리

분들이 성체 세포의 핵을 분화 이전의 상태로 되돌린 것이지요. 젖샘 세포의 핵은 자신이 수정란의 핵이라고 착각하고서 발생 과정을 새롭게 시작했습니다. 윌머트는 그 난자를 암양에게 착상시켰고 5개월 뒤 돌리가 태어났습니다.

이로써 분화한 세포가 수정란일 때의 능력을 잃은 것이 아님이 입증되었어요. 다른 동물을 대상으로 검증 작업이 이루어졌습니다. 곧 성체 세포의 핵을 이용하여 쥐, 소, 고양이, 돼지, 염소 등이 복제되었고, 포유동물 중 복제가 가장 어렵다는 개도 복제되었어요. 2022년에는 성체 핵 이식을 통한 복제의 마지막 관문인 영장류의 복제에도 성공했습니다.

난자를 꼭 써야 할까

돌리를 비롯한 복제 동물들은 발달 시계를 되감을 수 있다는 사실을 보여 주었습니다. 그런데 난자는 왜 필요할까요? 성체 세포의 핵이든 배아 세포의 핵이든, 핵을 이식하여 복제하려면 난자가 필요했습니다. 그냥 아무 세포든 골라서 핵을 없애고 남은 세포질을 쓰면 안 될까요?

이는 난자에 있는 성분이 발생 과정에 중요한 역할을 하기 때문입니다. 난자의 세포질에는 모체에서 제공한 단백질들을 비롯해 다양한 물질이 들어 있어요. 이 물질들이 새로 주입된 핵의 발달 시계를 되감는 데 관여하는 것이 분명합니다.

예전에는 세포질이 핵의 명령을 고스란히 이행하는 수동적 역할을 한다고 여겼어요. 하지만 핵 이식 실험은 그런 생각을 바꾸어 놓았습니다. 발생은 이어달리기처럼 진행돼요. 한 단계에서 특정한 유전자들이 왕성하게 활동하고 나면 다음 단계에서 다른 유전자들이 뒤를 이어받아 활동하지요. 그리고 그 과정을 개시하는 역할을 세포질 성분이 맡습니다.

그 성분은 무엇일까요? 야마나카 신야는 배아 발생 때 중요한 역할을 하는 유전자들을 살펴본 끝에 네 가지 유전자가 그 주인공이라는 사실을 알아냈습니다. 이 유전자들은 성체 세포에서는 꺼져 있어요. 이 유전자들을 켜거나 새로 집어넣어 활성을 띠게 한다면, 성체 세포의 시계를 되돌릴 수 있지 않을까요?

2006년, 네 가지 유전자 혹은 이 네 유전자가 만드는 단백질을 조합하면 성체 세포를 미성숙한 상태로 되돌릴 수 있다는 것이 밝혀졌습니다. 이 네 가지를 야마나카 인자라고 하고, 이렇게 성체 상태에서 미성숙 상태로 되돌린 세포를 유도 만능 줄기세포라고 해요. 이런 세포는 질병 연구와 신약 개발 등에 활용되고 있습니다.

그런데 이렇게 만든 세포로 생물을 복제할 수도 있을까요? 아직은 성공한 사례가 없습니다. 아마 생물 복제에는 아직 발견하지 못한 또 다른 성분이나 인자가 관여하기 때문이라 짐작됩니다. 또 유도 만능 줄기세포는 돌연변이나 암 발생 등의 문제도 안고 있어요. 그럼에도 이를 활용해 장기를 재생해서 이식하려는 연구가 이루어지고 있습니다.

3

다종다양
지구 생물과
DNA

진화와 유전자

수천만 생물종을 만든 주역

대장균, 팽이버섯, 소나무, 모기, 코끼리는 서로 너무나 다릅니다. 이처럼 지구의 생물은 다양해요. 공통점을 찾기 힘들 정도이지요. 그러나 이들은 모두 공통 조상에서 유래했습니다. 어떻게 알 수 있냐고요? 모두 공통의 유전자를 지니고 있기 때문이에요. 그것도 생명 활동에 대단히 중요한 유전자들을 똑같이 지니고 있지요. 세포의 기본 구조를 만들고 유지하고, 에너지대사를 담당하고, DNA를 복제하는 유전자들이 바로 그 주인공입니다.

거기에 덧붙여서 식물은 광합성을 하고, 세포벽을 만들고, 수분을 보호하는 유전자를 공통으로 지니고 있고, 동물은 몸의 형태와 구조를 유지하는 유전자를 공통으로 지닙니다. 흔히 말하듯이 사람과 오랑우탄은 97%, 사람과 초파리는 약 70%의 유전자를 공유해요. 그보다 비율은 더 낮긴 하지만 사람과 식물, 사람과 버섯도 공통으로 지닌 유전자가 있습니다.

이렇게 기본적으로 동일한 유전자를 지니고 있는데도 생물은 서로 매우 다른 모습과 구조, 행동을 보여 줍니다. 놀랍고 감동적일 만큼 다양하지요. 이 다양성은 단세포 생물이었던 공통 조상으로부터 수십억 년에 걸쳐 진화를 거듭하며 만들어진 것입니다. 어떻게 그런 일이 가능했을까요? 이 유전자는 어떻게 생겨났을까요?

우리 몸에는 수만 개의 유전자가 있습니다. 이 많은 유전자는 어디에서 왔을까요? 지구에 생명이 처음 출현할 즈음에는 유전자가 많지 않았을 거예요. 하나나 서너 개밖에 없었을지도 모르지요. 그런데 어쩌다가 이렇게 많아졌을까요? 원인은 환경의 변화입니다.

환경은 끊임없이 바뀝니다. 익숙한 환경은 사라지고 새로운 환경이 나타나요. 바다가 육지가 되기도 하며, 호수와 숲이 있던 곳이 사막이 되기도 합니다. 환경은 수천 년, 수만 년에 걸쳐 서서히 바뀌기도 하고, 화산 폭발처럼 순식간에 바뀌기도 하지요.

생물은 살아남으려면 환경에 적응하거나 환경을 자신에게 맞게 바꾸어야 하지요. 생물의 환경 적응 능력은 유전자에서 비롯됩니다. 환경에 적합한 유전자들을 지닌 생물은 번성하고, 그렇지 못한 생물은 사라집니다. 환경에 적합하거나 부적합한 유전자들은 처음에 어떻게 생겨났을까요?

유전자는 어떻게 다양해질까

상상의 날개를 펼쳐 봅시다. 처음에 원형 유전자를 지닌 단세포 생물이 있었다고 해 봅시다. 그 생물이 분열해 둘이 됩니다. 양쪽에는 똑같은 원형 유전자가 들어 있겠지요. 이제 한쪽 생물의 유전자에 돌연변이가 일어났다고 가정해 봅시다. 그러면 처음에 한 가지였던 유전자가 두 가지로 늘어납니다.

양쪽 생물은 분열을 거듭해 수가 늘어납니다. 그와 함께 돌연변이도 계속 생기겠지요. DNA 가닥에서 염기 하나가 바뀌는 돌연변이만 일어난다고 가정합시다. 즉 아데닌(A)이 타이민(T)이나 구아닌(G)으로 바뀌는 거예요. 이를 단일 염기 돌연변이라고 해요. 그 유전자가 99개의 염기로 이루어졌다면 단일 염기 돌연변이가 일어날 부위가 99군데 있는 셈이에요.

첫 번째 염기에 돌연변이가 일어났다고 칩시다. 원형 유전자를 A 유전자, 돌연변이 유전자를 A2 유전자라고 합시다. 양쪽다 증식을 거듭하다가 A 유전자의 두 번째 염기에 돌연변이가 일어납니다. 이를 A3 유전자라고 부릅시다. 이제 유전자는 A, A2, A3 이렇게 세 가지 형태가 됩니다. 또 A2 유전자의 두 번째 염기에 돌연변이가 일어날 수 있겠지요(A4 유전자). 이런 식으로 돌연변이를 통해 유전자는 다양해져요.

유전자가 다양해지는 방법이 단일 염기 돌연변이만 있는 것은 아니에요. A3 유전자의 세 번째 염기 자리에 엉뚱한 염기가 하나 끼워질 수도 있습니다(A5 유전자). 그러면 A5 유전자의 염기는 100개가 되지요. 또 A2 유전자에서는 네 번째 염기가 빠질 수도 있어요(A6 유전자). 그러면 98개의 염기로 된 유전자가 생겨나지요.

염기 여러 개가 한꺼번에 바뀔 수도 있지 않을까요? A 유전자에서 세 번째와 다섯 번째 염기에 동시에 돌연변이가 일어날 수도 있습니다. 또 염기 다섯 개나 아홉 개가 한꺼번에 끼워지거나 빠지는 일도 얼마든지 일어날 수 있습니다.

또 다른 방법은 없을까요? A 유전자에서 56번째 염기부터 뚝 끊어 뒤집혀서 99번째 염기부터 거꾸로 붙을 수도 있어요. 11~30번째 염기 서열이 그대로 복제되어 70번째 염기 자리에 끼워져서 119개의 염기로 된 유전자가 만들어질 수도 있어요.

돌연변이가 일어난 유전자들 대부분은 원래의 기능을 잃습니다. 따라서 돌연변이 유전자를 지닌 생물은 죽을 가능성이 크지요. 하지만 기능을 더 좋게 하거나 별 영향을 끼치지 않는 돌연변이도 있어요. 그런 것들은 살아남겠지요.

이런 방식으로 유전자뿐 아니라 그 유전자를 지닌 생물도 다양해집니다. 그래도 여전히 각 생물은 하나의 유전자만 지니고 있습니다. 그 유전자가 여러 가지 형태로 존재할 뿐이지요. 이제 한 생물이 지닌 유전자 수를 늘릴 차례입니다. 어떤 방법이 있을까요?

생물이 분열할 때 A 유전자는 복제되었다가 둘로 나뉘어 각 세포로 들어갑니다. 그런데 만일 복제된 유전자가 각 세포로 나뉘어 들어가지 않고 한 곳에 그대로 있다면요? 그러면 똑같은 유전자가 2개 있게 됩니다. 둘이 일렬로 붙어 하나의 이중나선 가닥이 될 수도 있어요. 이런 식으로 유전자가 늘어나는 것을 유전자 중복이라고 해요.

그렇게 해서 A 유전자를 2개 지닌 생물이 생겼다고 가정해 봅시다. 두 유전자 중 하나에 돌연변이가 일어나서 다른 기능을 얻은 B 유전자가 되었다고 합시다. 그러면 A와 B 두 유전자를 지닌 생물이 나타납니다. 아니면 두 유전자가 합쳐져서 긴 하나의 유전자가 될 수도 있지요. 이런 돌연변이와 유전자 중복을 거치면서 생물은 다양한 유전자를 한 몸에 지니게 됩니다.

유전자가 늘어날수록 분열하고 유지하는 데 많은 에너지가 필요해지며, 돌연변이가 일어나고 이상이 생길 가능성도 커집니다. 반면에 환경 변화에 적응하는 능력도 높아지지요. A 유전자를 지닌 개체들에 불리한 환경이 조성된다면, A 유전자를 지닌 개체들은 사라질 가능성이 커요. 하지만 A와 B, 두 유전자를 함께 지닌 개체들은 B 유전자 덕분에 살아남을 수 있습니다.

이렇게 유전자의 종류와 수가 늘어나면 부작용도 생기기 마련입니다. 돌연변이가 일어나서 제 기능을 하지 못하거나, 별다른 역할을 하지 않는 유전자가 생길 수도 있어요. 하지만 그런 영역에 돌연변이가 일어나 더 나은 기능을 지닌 새로운 유전자가 만들어질 수도 있습니다. 조금 고치고 땜질해서 다른 용도로 재활용하는 것이지요. 그런 관점에서 보면 진화는 아주 엉성합니다. 미리 계획하지 않고 새 환경에 맞는 유전자를 그때그때 만들고 찾아내지요.

유전자는 최소 몇 개 필요할까

생물이 존속하는 데 필요한 최소한의 유전자 수는 몇 개일까요? 한때는 미코플라스마라는 세균이 유전자 수가 가장 적다고 알려져 있었습니다. 겨우 482개였지요. 생물이나 생체 물질을 인공적으로 만드는 일을 하는 합성 생물학의 개척자 크레이그 벤터는 이 세균의 유전자들을 이용해서 최초로 진정한 인공 생명체를 합성했어요. 이 생명체는 조건이 갖추어진 실험실에서만 살아갈 수 있어요. 연구진은 더 나아가 유전자 수를 몇 개까지 줄일 수 있을지도 살펴보았습니다. 그들은 이론상 382개까지 줄일 수 있다고 보았어요.

그런데 그 뒤로 유전자 수가 훨씬 더 적은 생물들이 발견되었습니다. 칸디다투스라는 기생 세균 중에는 유전자가 169개인 것도 있고, 곤충과 공생하는 트렘블라야라는 세균은 유전자가 겨우 120개라고 해요. 사람의 0.6%에 불과하지요. 유전체 길이로 따지면 더 작은 생물도 있습니다. 나수이아 델토케팔리니콜라(*Nasuia deltocephalinicola*)라는, 마찬가지로 곤충과 공생하는 세균은 유전체의 염기쌍 수가 11만 2,000개에 불과해요. 사람의 약 0.004%이지요. 그래도 살아갈 수 있습니다. 많은 것을 공생하는 곤충에게 얻기 때문이에요.

사람 같은 동물과 식물의 세포에도 한때 공생하는 세균이었던 것이 들어 있습니다. 바로 미토콘드리아와 엽록체입니다. 이들은 원래 자유롭게 생활하는 세균이었지만, 동식물의 세포에 들어와 공생하게 되었어요. 오랜 세월 공생하다 보니 본래 지녔던 유전자를 상당수 잃었고, 대신에 숙주 세포에 많은 것을 의존하고 있습니다. 미토콘드리아는 유전자가 약 37개, 엽록체는 약 100~150개가 남아 있어요.

따라서 자연에서 공생하는 세균들을 찾아보면 유전자 수가 120개보다 더 적은 것도 있을지 몰라요. 즉 공생 관계를 이룬다면 유전자 수를 훨씬 더 줄일 수 있지요. 그런데 그렇게 따지고 들다 보면, 유전자가 몇 개 남았을 때까지를 별개의 생물로 봐야 할지 애매해질 수 있습니다.

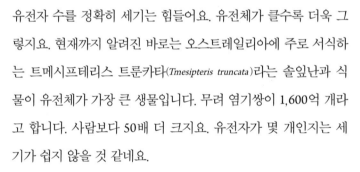

유전자 수를 정확히 세기는 힘들어요. 유전체가 클수록 더욱 그렇지요. 현재까지 알려진 바로는 오스트레일리아에 주로 서식하는 트메시프테리스 트룬카타(*Tmesipteris truncata*)라는 솔잎난과 식물이 유전체가 가장 큰 생물입니다. 무려 염기쌍이 1,600억 개라고 합니다. 사람보다 50배 더 크지요. 유전자가 몇 개인지는 세기가 쉽지 않을 것 같네요.

지금까지 유전체 서열을 분석한 생물 중에서 유전자 수가 가장 많다고 밝혀진 것은 밀이에요. 약 9만 5,000개로 추정됩니다. 테다소나무도 유전자 수가 약 5만 개에 달합니다. 어째서 식물 중에는 유전체가 큰 것들이 많을까요? 사람은 염색체가 두 벌로서 23쌍인데, 식물은 여러 벌인 종류가 많습니다. 또 의미 없이 반복되는 서열이 많아요. 그렇다고 해도 지나치게 큰 것이 아닐까요? 그런데 정말로 거추장스러울 만큼이라면 벌써 진화 과정에서 없어지지 않았을까요? 유전체가 클수록 복제하는 데 에너지가 많이 들고 복제 속도도 느리므로, 번식하는 데 불리할 테니까요. 더욱이 세포분열도 쉽지 않을 거예요. 세포분열이 수월하게 이루어지도록 유전체 크기를 줄이려는 진화 압력도 작용하긴 하지만, 이런 식물들에서는 별 역할을 하지 못하는 듯합니다.

따라서 이런 생물들이 거추장스럽게 커다란 유전체를 가지고 있는 이유가 있어야 마땅합니다. 생존 경쟁에서 불리해 보이는 데에도 굳이 가지고 있는 이유 말이에요. 생물학자들은 식물의 유전체 가운데 많은 부분이 생존이나 적응, 또는 장수에 어떤 역할을 하지 않을까 추정해요. 그런데 아직 명확히 밝혀지지 않은 부분이 많아요. 물론 예전에 쓸모가 있었지만 중복되다 보니 기능을 잃은 채 남아 있는 부위도 있겠지요.

또 어떤 이유로 유전체가 커질 수 있을까요? 전이 인자도 유전체 길이를 늘일 수 있어요. 전이 인자는 DNA를 이리저리 옮겨 다닌다고 해서 도약 유전자라고도 불러요. 전이 인자는 여러 종류가 있는데, 대개 RNA를 만든 뒤 그 RNA로 자신의 DNA 사본을 만들어서 DNA의 다른 부위에 끼워 넣습니다. 그 사본도

멕시코 고유종인 아홀로틀

성체(成體)가 된 이후에도 아가미와 꼬리를 단 올챙이 모습을 유지한다.

같은 DNA 서열이므로 똑같은 유전정보와 똑같은 능력을 지녀요. 따라서 시간이 흐르면 유전체 곳곳에 전이 인자의 사본들이 늘어납니다. 그러면서 유전체의 크기가 커지지요. 여기저기 사본을 만들면서 돌아다니는 컴퓨터 바이러스와 닮았습니다.

유전체 자체가 두 배로 늘어나는 식으로 진화가 일어나는 사례도 종종 볼 수 있어요. 유전체가 복제된 뒤 세포분열이 제대로 이루어지지 않거나 두 세포가 융합되면 그런 일이 일어날 수 있습니다. 효모는 유전자가 약 6,000개인데, 자세히 살펴보면 쌍쌍이 비슷한 유전자들이 많아요. 이는 예전에 유전체 자체가 두 배로 늘어났고, 그 뒤 진화를 거치면서 같은 유전자들이 조금씩 달라져서 다른 기능을 맡게 되었음을 시사합니다. 식물에서도 이렇게 불어난 유전자들은 돌연변이를 통해 새로운 기능을 갖춤으로써 환경에 적응하고 새로운 종으로 진화하도록 돕는 것으로 보입니다.

동물 중에서는 양서류가 비교적 큰 유전체를 지닙니다. 현재까지 조사된 동물 중에는 유럽 동남부의 동굴에 사는 도롱뇽 올름이 유전체가 가장 크다고 알려져 있습니다. 사람의 약 15배에 달해요. 유전자 수는 정확히 알려지지 않았습니다. 귀염둥이 아홀로틀도 유전체가 커요. 사람의 약 10배입니다. 그런데 유전자 수는 약 2만 3,000개로 사람과 비슷해요.

연구가 더 이루어질수록 유전체가 더 크고, 유전자가 더 많은 생물이 발견될 수도 있습니다. 아무튼 유전체와 유전자만 봐도 생물이 다양하다는 것을 알 수 있어요.

놀랄 만큼 복잡한
유전자의 작용

유전자 수가 많으면 좋을까

이렇게 비교하다 보면 고개를 갸웃하게 만드는 값들을 많이 마주하게 됩니다. 상식적으로 생각하면, 유전자가 많을수록 더 좋지 않을까요? 수학 계산이나 길을 걸으면서 게임을 하는 다중 작업 같은 복잡하면서 다양한 일을 하려면, 유전자가 더 많아야 하지 않을까요? 특히 사람 같은 고등한 동물이라면 말이에요.

우리는 사람이 가장 고등한 동물이라고 생각합니다. 과학자들도 그렇게 생각했기에 사람이 다른 생물보다 유전자 수가 훨씬 더 많으리라 추측했어요. 인간은 다양한 환경에 적응할 수 있는 다양한 특징들을 갖추고 있으니까요. 적어도 10만 개는 될

거라 생각했어요. 하지만 2000년 인간 유전체 계획(인간 유전자 전체를 해독하는 프로젝트)이 끝날 무렵에 추정값은 크게 줄었습니다. 약 3만 5,000개밖에 안 되는 듯했지요. 초파리의 유전자 수가 약 1만 4,000개이니 차이가 2.5배밖에 나지 않는 셈이었어요. 게다가 쥐의 유전자도 약 3만 개, 우리가 먹는 벼도 유전자 수가 약 3만 7,000개로 사람과 별 차이 없다는 것이 밝혀집니다. 큰 차이를 기대한 사람들은 실망했어요.

최근 들어 유전자 수 추정치는 더 줄어들었습니다. 이제 사람의 유전자는 약 2만 개, 초파리는 1만 3,000개, 예쁜꼬마선충은 2만 개 정도로 추정됩니다. 우리 눈에 겨우 보일까 말까 하는 선충이나 인간이나 유전자 수가 거의 비슷한 셈이에요.

유전체의 크기를 비교해도 마찬가지예요. 초파리의 유전체는 염기쌍 약 1억 7,000만 개로 이루어져 있습니다. 사람은 약 32억 개니까 사람이 18배 더 많아요. 이 사실이 흐뭇할지도 모르겠네요. 하지만 풀무치는 65억 개로, 사람의 두 배랍니다. 게다가 양파는 180억 개, 고사리는 1,600억 개, 아메바는 6,700억 개예요. 유전체 크기로 보면 인간은 아메바의 200분의 1도 안 되지요.

자존심이 상하는 일입니다. 인간이 아메바보다 못하다니요! 이제 슬그머니 주장을 바꾸어야 합니다. 유전체 크기도 유전자 수도 중요하지 않다고요. 그러면 뭐가 중요할까요? 둘 다 중요

Z세대를 위한
지금 여기의 교양!

곰곰

텐트 설치부터 천체관측까지, 세상 모든 야영의 과학

'변화를 꿈꾸는 과학기술인 네트워크(ESC)' 회원으로 활동하는 과학 교사와 연구원이 합세해 쉽고 친절하게 과학 지식을 안내한다. 캠핑 장비와 공간에 담긴 다종다양한 이야기에 귀 기울이다 보면 주위에 숨은 과학 원리를 발견하고 직접 탐구하는 즐거움을 느낄 수 있을 것이다.

출발! 1박 2일 캠핑 과학

권홍진·신지영·한문정 지음 | 224쪽 | 16,700원

#공간과학 #자연관찰 #천문학 #기상학 #지질학

삼각김밥부터 계산대까지, 세상 모든 물건의 과학

편의점이라는 공간을 매개로 다종다양한 음식과 생활용품, 편의점을 돌아가게 하는 사물들의 과학적 원리와 역사를 소개한다. 물 분자의 구조부터 대기근의 역사까지, 세상의 모든 지식과 이야기를 망라하는 편의점으로 들어가 보자.

한입에 쏙싹 편의점 과학

이창욱 지음 | 244쪽 | 16,000원

경남독서한마당 추천도서 | 학교도서관저널 추천도서 | 책씨앗 추천도서
(사)한국학교사서협회 추천도서 | (사)행복한아침독서 추천도서

#과학 #과학사 #기술사 #편의점

하지 않다면, 인간 자존심의 토대인 지혜를 담은 커다란 뇌를 만드는 것은 대체 무엇일까요? 인간이나 쥐나 유전자 수에 별 차이가 없는데요?

유전자의 수보다 중요한 것은?

물론 사람만이 갖는 중요한 특징을 만드는 유전자들이 적어도 일부는 있을 거예요. 하지만 이제 과학자들은 어느 한 가지가 아니라 여러 활동이 복합적으로 작용해서, 생물의 다양한 차이를 빚어낸다고 생각합니다. 유전자와 유전자 산물이 상호작용 해 다양한 단계에서 유전자의 발현을 조절하지요. 또 유전자는 환경과도 상호작용 합니다.

염색체에는 유전자뿐 아니라 유전자의 활동을 조절하는 영역이 있어요. 유전자를 끄는 영역도 있고, 켜는 영역도 있지요. 한 영역이 여러 유전자를 한꺼번에 조절하기도 해요. 이런 영역에 달라붙는 인자는 유전자의 산물인 단백질이나 RNA입니다. 즉 유전자와 유전자의 산물들은 서로 복잡하게 연결되어 망을 이루고 있어요. 이 유전자 연결망을 통해 전사, 번역, 번역 이후 등 여러 단계에서 유전자의 발현이 복잡하게 조절됩니다. 세포의 종류와 시기마다 발현되는 유전자들은 달라요. 똑같은 유전자들을 지닌 세포라고 해도, 몸의 부위에 따라 다른 양상으로 조절이 이루어져 활동하는 유전자가 달라집니다.

또 종마다 다른 유전자들도 지닐뿐더러, 유전자가 발현되는 양상도 종마다 다릅니다. 공통된 유전자가 있다고 해도 발생할 때 서로 다르게 조합되어 발현된다면, 종별로 전혀 다른 형질이 생길 수도 있지요. 그리고 유전자들은 일종의 계층 구조를 형성합니다. 즉 한 유전자가 여러 유전자를 통제하고, 그 유전자들은 다시 다른 유전자들을 통제하는 식으로 발현이 조절됩니다. 따라서 유전자들 자체의 차이가 작아도 큰 질적 차이를 낳을 수 있었던 것이 아닐까요?

최근에는 후성 유전적 조절이 중요하다는 점도 드러났습니다. 유전자 자체를 바꾸지 않으면서, 생물이 처한 환경에 맞추어 유연하게 대처할 수 있도록 하는 방식이에요. 운동, 영양 상태, 스트레스 같은 환경 변화에 따라 유전자 발현 양상이 달라질 수 있습니다. 이런 후성 유전적 조절을 통해 생물은 환경과 상호작용을 하지요.

또 진핵생물의 유전자는 여러 조각으로 나뉘어 있을 때도 많아요. 하얀 실에 군데군데 까만색이 칠해져 있다고 상상해 봅시다. 여기서 까만 부위를 잘라내고 하얀 부위끼리만 이어 붙인다고 합시다. 이어 붙일 때 잘라 낸 토막 중 한두 개를 빼먹을 수도 있고, 순서를 뒤바꿔 붙일 수도 있습니다. 원래의 실이 바로 유전자이고, 잘라내어 이어 붙인 것이 전사된 뒤에 편집된 mRNA입니다. 그러면 하나의 유전자에서 다양한 mRNA가 생겨 나고, 이어서 다양한 단백질이 만들어질 수 있지요. 면역 세포는 바로 이 방법을 써서 새로운 병원체에 맞설 새로운 항체를 만듭 니다. 항체도 단백질이에요. 생물은 이처럼 수많은 방식으로 유 전자 발현을 조절해 '유전자 수'라는 한계에 갇히지 않을 수 있 었어요.

여러 생물에 공통된 유전자

생명 유지에 꼭 필요한 기능을 담당하는 유전자에 문제가 생기 면 어떻게 될까요? 당연히 그 세포는 죽습니다. 따라서 그런 유 전자에는 돌연변이가 일어날 가능성이 희박해요. 돌연변이가 일 어나면 죽을 가능성이 크기 때문이지요. 그래서 그런 유전자들 은 오랜 세월 생물들이 진화를 거듭하면서 다양해졌어도, 거의 모든 생물에서 대부분 변함없이 보존되어 왔습니다.

DNA의 복제와 수선, 단백질 합성, 세포분열, 에너지대사에 관여하는 유전자들이 바로 그 주인공입니다. 모두 살아가는 데 꼭 필요하며, 문제가 생겨서는 안 되는 핵심 기능을 맡은 것들이지요. 이런 유전자들이 모든 생물에게서 잘 보존된 이유는 그렇지 못한 개체들이 모두 죽어 사라졌기 때문입니다.

이 말을 뒤집어 보면, 공통 조상이 이 유전자들을 지녔다는 뜻이기도 합니다. 즉 이런 기능들은 모든 생물의 공통 조상으로부터 진화했을 가능성이 커요. 따라서 기능을 잘 모르는 어떤 유전자의 염기 서열이 많은 생물에서 똑같이 나타난다면? 그 유전자는 생명 활동에 매우 중요한 기능을 할 것이 틀림없습니다.

또 식물에서만 보이는 공통 유전자도 있고, 동물에서만 공통된 유전자도 있어요. 식물에서는 광합성 유전자, 세포벽 유전자, 식물 호르몬 유전자 등이 대표적입니다. 동물에서는 몸 구조를 만드는 유전자, 면역 유전자, 근육 운동 유전자 등이 있어요.

이런 유전자들은 진화에 일종의 제약을 가하는 셈입니다. 하지만 그런 제약이 약해질 때가 있어요. 앞서 말했듯이, 유전자 중복을 통해 유전자가 두 배로 늘어날 때예요. 세포가 분열할 때 DNA는 복제되어 두 배로 늘어났다가 각 세포에 들어갑니다. 그런데 실수로 DNA 가닥들이 엉켜서 끊겼다가 잘못 붙는 바람에 어떤 유전자가 한쪽 가닥에는 2개가 들어가고, 다른 쪽 가닥에는 없는 상황이 벌어질 수도 있어요.

중복이 일어나도 처음에는 별 영향이 없습니다. 하지만 장기적으로 볼 때 중복은 진화 가능성을 높입니다. 남는 유전자에는 돌연변이가 일어나도 큰 문제가 없으므로, 그 유전자는 제약을 덜 받으면서 분화할 수 있어요. 오랜 세월에 걸쳐 돌연변이가 쌓이면서 처음에 똑같았던 두 유전자는 서서히 달라집니다. 100% 똑같던 것이 95%만 똑같은 것이 되지요.

색깔을 볼 수 있는 유전자는 그렇게 해서 진화했어요. 그 결과 우리는 세 가지 색깔을 조합해서 보는 삼색형 색각을 가지게 되었어요. 한편 이색형 색각을 지닌 동물도 있으며, 흑백만 볼 수 있는 동물도 있습니다.

삼색형 색각은 색소 단백질을 만드는 유전자가 세 종류로 늘었기 때문에 나온 것이에요. 원래 하나였던 유전자가 중복을 통해 늘어났다가 서서히 분화해 서로 다른 파장의 빛에 가장 잘 반응하는 색소 단백질을 만들게 되었어요. 유전자 중복이 더 일어나서 분화했다면 사색형 색각도 가능합니다. 일부 거북은 실제로 사색형 색각을 갖고 있어요. 그러면 오색형, 육색형 색각도 있을까요? 얼마나 쓸모가 있을지 모르겠지만 가능한 일입니다. 그러면 수백 가지 색깔을 볼 수 있어서 색깔로 의사소통하는 동물도 나올 수 있지 않을까요?

4

나의 모든 게
유전자에
새겨져 있을까?

유전자에 모든 것이 새겨져 있을까

"콩 심은 데 콩 나고 팥 심은 데 팥 난다"라는 속담이 있지요. 콩 심은 데 팥이 날 수는 없습니다. DNA에 그렇게 정해져 있으니까요. 콩 심은 데에서 콩이 얼마나 잘 자랄지는 날씨, 토양, 잡초, 해충, 비료 등 조건에 따라 달라져요. 이렇듯 생물은 유전자의 산물일 뿐 아니라 환경의 산물이기도 해요.

그렇다면 유전자와 환경은 각각 얼마만큼 기여할까요? 이 문제를 두고 논란이 많았어요. 유전자만이 중요하다는 주장을 유전자 결정론, 환경만이 중요하다는 주장을 환경 결정론이라고 합니다. 상식적으로 생각할 때, 양쪽 극단에 서 있을 사람은 거의 없을 듯합니다. 하지만 중간 입장이라고 해도 대개는 어느 한 쪽으로 치우치기 마련이지요.

DNA 연구가 점점 더 심화하면서 논쟁도 격렬해졌어요. 이제는 거의 매주 새로운 생물학적 발견이 이루어지고 있습니다. 몸뿐 아니라 정신과 관련된 유전자들도 계속 발견되고 있어요. 그럴수록 환경을 중시하는 사람들은 점점 더 경계심을 갖습니다. 이러다가는 모든 것을 유전자 탓으로 돌릴지 모른다고 생각하기 때문이에요. 오래지 않은 과거에 인류를 유전학적으로 개량하려고 한 우생학이나 유대인을 절멸시키려 한 나치 독일의 만행이 있었기에 이러한 경각심을 품는 것이지요.

이 논쟁은 과학뿐 아니라 정치, 경제, 사회, 문화, 윤리, 종교 등 다양한 분야와 관련을 맺으면서 다양한 양상으로 펼쳐지기 때문에 해결이 쉽지 않아요.

환경이란 무엇일까

DNA는 무엇을 가리키는지 명확하지만, 환경이라는 말은 다양한 의미로 쓰이기 때문에 상황에 따라 정의가 달라집니다. 환경은 무언가의 바깥에 있으면서, 그 무언가와 상호작용 하는 것들을 일컫습니다. 대개 그 무언가를 '계(系)'라고 해요.

DNA에 환경은 무엇일까요? DNA는 세포핵 안에 들어 있습니다. 따라서 핵막으로 싸여 있는 핵 속의 공간이 일차 환경입니다. 핵 안에는 DNA만 있지 않아요. 우선 DNA 가닥을 감는 실패 역할을 하는 히스톤이라는 단백질이 있고, DNA 복제와 전사를 담당하는 각종 단백질과 물질도 들어 있습니다. 핵 바깥은 세포질이에요. DNA는 전사한 mRNA를 세포질로 내보내 정보를 전달합니다.

핵 이식 실험에서 드러났듯이, 세포질도 다양한 방식으로 핵에 영향을 미칩니다. 수정란의 세포질에는 발생을 유도하는 세포질 인자들이 들어 있어요. 수정란이 작으니 그 속의 물질들이 균일하게 분포해 있을 것 같지만 그렇지 않아요. 세포질 인자들은 상하 또는 좌우로 농도 기울기를 보입니다. 즉 한쪽은 농도가 낮고 한쪽은 농도가 높아요. 농도 기울기에 따라 어느 쪽이 머리가 되고 꼬리가 될지 정해집니다.

유전자가 환경 변화에 맞추어 활동하려면 세포질 바깥의 환경과도 상호작용을 해야 합니다. 수정란과 단세포 생물은 세포 바깥이 바로 체외 환경이에요. 반면 다세포생물의 세포는 다른 세포들과 접하고 있으며, 세포끼리 모여서 조직, 기관, 몸 전체를 만듭니다. 따라서 그런 세포에서는 인접한 세포들이 세포질 바깥 환경이지요. 인접한 세포들은 신호 전달 물질을 통해 서로 의사소통합니다. 호르몬을 분비해 멀리 있는 세포와도 대화하지요. 옆 세포에서 보낸 신호 전달 물질이 세포막에 닿으면 세포 내에서 생화학적 반응들이 연쇄적으로 진행됩니다. 그 결과 신호가 핵까지 전달되고, 필요한 유전자들이 활동을 시작합니다.

에너지가 부족하다는 신호가 오면 탄수화물이나 지방을 분해하는 효소를 만들고, 독감 바이러스가 침입했다는 신호가 오면 백혈구를 더 많이 만들어요. 조직, 기관, 몸의 세포들은 그런 과정을 통해 서로 협력하고 조율합니다. 제대로 의사소통하지 못하는 세포도 있어요. 암세포가 그렇습니다. 암세포는 다른 세포들을 무시한 채 혼자 계속 분열하고 증식해 결국 몸 자체를 죽입니다. 암세포는 유전자와 환경이 조화를 이루어야 한다는 것을 보여 주는 사례입니다.

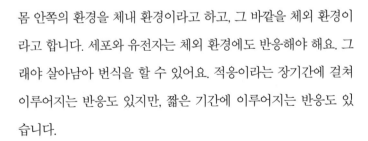

몸 바깥의 환경에는 어떻게 반응할까

몸 안쪽의 환경을 체내 환경이라고 하고, 그 바깥을 체외 환경이라고 합니다. 세포와 유전자는 체외 환경에도 반응해야 해요. 그래야 살아남아 번식을 할 수 있어요. 적응이라는 장기간에 걸쳐 이루어지는 반응도 있지만, 짧은 기간에 이루어지는 반응도 있습니다.

적응은 선인장의 잎이 가시로 변한 것처럼 환경에 대한 반응이 유전적으로 고정된 경우를 말합니다. 한편 식물을 촘촘하게 키우면 줄기만 길게 뻗고 솎아 주면 옆으로 가지를 뻗듯이, 유전적으로 고정된 것이 아니라 환경 변화에 따라 유연하게 반응하는 것을 순응이라고 해요.

식물은 빛, 온도, 열, 수분, 중력, 접촉 등 다양한 환경 요인에 반응합니다. 해바라기는 해가 있는 쪽으로 고개를 돌리는 굴광성을 보이고, 뿌리는 중력이 잡아당기는 곳으로 뻗는 굴지성을 보입니다. 물속에서 자라는 식물인 물수세미는 더 특이한 반응을 보여요. 물수세미는 줄기를 물 밖으로도 내미는데, 물속에서 자란 잎은 깃털처럼 얇게 갈라진 반면, 공기와 접하면서 자란 잎은 보통 풀잎처럼 납작합니다. 주위 환경이 물이냐 공기냐에 따라 다른 반응을 보이는 것이지요.

동물도 발달할 때 환경에 반응하며, 반응의 정도와 양상은 아주 다양합니다. 같은 종이라고 해도 봄에 나온 나비는 여름에 나온 나비보다 더 작고 색깔이 더 연한 경우가 많아요. 환경 조건에 따라 성별이 결정되는 동물도 있습니다. 사람의 성별은 X와 Y염색체에 따라 결정됩니다. XX는 여성, XY는 남성이에요. 즉 유전자가 성별을 결정하지요. 하지만 악어, 거북, 도마뱀 같은 파충류 중에는 발달할 때 환경의 온도에 따라 성별이 결정되는

물수세미의 수상엽

물수세미의 수중엽

종이 있습니다. 수정란이 발달할 때 온도가 낮으면 수컷이 되고, 온도가 높으면 암컷이 되는 식이에요.

지구온난화로 기온이 계속 올라가면 어떻게 될까요? 암컷만 나오다가 멸종할 수도 있지 않을까요? 오스트레일리아에 서식하는 푸른바다거북 중 새로 부화하는 개체의 암컷 비율이 이미 99%에 달한다는 연구 결과도 나왔습니다. 기후 위기로 바다거북의 생존이 위협받게 된 셈이에요.

또 보넬리아라는 의충동물은 유생 때 자유 생활을 하다가 우연히 성체 암컷의 주둥이에 붙으면 수컷이 되고, 그렇지 않으면 암컷으로 자랍니다. 수컷은 몸길이가 1~2mm에 불과하며 나중에 암컷의 자궁에 기생해 살아갑니다. 암컷은 몸통 길이는 약

8cm이지만, 주둥이가 1~2m나 돼요. 이처럼 환경에 따라 성별이 결정되는 사례는 파충류, 어류, 갑각류, 선충류 등에서 나타나며, 일부 식물에서도 볼 수 있습니다.

유전자 결정론과 환경 결정론

이렇듯 유전자와 환경은 다양한 방식으로 상호작용을 합니다. 그렇다면 궁극적으로 우리의 본성을 결정하는 것은 무엇일까요? 유전자일까요, 아니면 환경일까요? 19세기에 생물학의 기본 원리들이 하나씩 밝혀지자, 그것들을 사회에 적용하려는 시도들이 나타났습니다. 다윈의 진화론을 사회에 적용하려는 사회 진화론, 유전학과 통계학 등을 토대로 인류를 개량하겠다고 나선 우생학 등이 그랬지요. 하지만 당시의 생물학 지식은 어설픈 수준이었기에, 그런 지식을 사회에 그대로 적용하려는 시도들은 잘못된 방향으로 나아가곤 했습니다. 한 예로 우생학은 나치 독일에 받아들여져 인종 말살 정책을 빚어냈지요.

또 우리의 능력이 타고난 것이며, 생물학적으로 유전된다고 보는 생물학적 결정론도 등장했어요. 유전자 결정론이라고도 하는 생물학적 결정론은 교육이나 사회 같은 환경 요인보다 유전적 요인이 우리의 본성을 결정한다고 봅니다. 남성이 공격적이고 여성이 얌전한 것이 생물학적으로 정해진 것이라면? 머리가 좋거나 힘이 센 것이 타고난 것이라면?

처음 등장했을 때 생물학적 결정론은 그런 의문들을 극단적인 방향으로 끌고 나갔어요. 즉 인간의 능력이 태어날 때부터 다르므로 사회가 불평등한 것도 당연하다고 보았지요. 우리의 능력이나 성격, 행동이 유전적으로 결정되기에, 교육이나 문화를 통해 교정할 수 없다고 여겼습니다. 그렇게 해서 생물학적 결정론은 당시 사회의 불평등을 옹호하는 수단으로 변질되었어요.

정의상 생물학적 결정론은 사회 결정론과 정반대 입장입니다. 사회 결정론은 인간의 본성 중에서 타고나는 것은 없고, 인간의 모든 속성은 문화에 따라 결정된다고 봅니다. 반면에 생물학적 결정론은 모든 또는 거의 모든 인간 행동이 타고난 것이며 바꿀 수 없다고 생각해요. 외모, 행동, 성격 등 모든 것을 오로지 유전자가 결정한다고 보며, 환경의 영향을 무시하거나 부정합니다.

사회진화론과 우생학은 생물학과 사회가 발전하면서 역사의 뒤안길로 사라졌어요. 하지만 생물학적 결정론은 아직 남아 있습니다. 자칭 생물학적 결정론자라고 말하는 사람은 거의 없지만, 우리는 은연중에 그런 결정론적 사고방식을 드러내곤 해요. 예를 들어 볼까요?

(1) 인간은 본래 감정적이고 비이성적인 성향이 강하므로 전쟁과 환경 파괴는 필연적이다. 따라서 전쟁과 환경 파괴를 줄이려면 이성적이고 논리적인 인공 지능 중심의 사회가 되어야 한다.

(2) 범죄 성향은 타고난 것이다. 따라서 살인의 책임을 살인자에게 묻는 것은 부당하며, 유전자에 비난의 화살을 돌려야 한다.

(3) 아인슈타인의 클론은 만들어도 괜찮다. 하지만 히틀러의 클론은 절대 안 된다.

이런 주장들이 생물학적 결정론일까요? 결정론적인 색깔이 강하다는 것은 분명합니다. (1)은 생물학적 결정론을 사회문제를 해결하는 데 활용하려는 사례이며, (2)는 자유의지가 없다는 점을 강조함으로써 처벌을 피하려는 의도가 담겨 있습니다. (3)은 교육과 문화보다 유전자가 더 중요하다는 생각을 바탕에 깔고 있어요. 그렇다면 주장을 좀 완화하면 어떨까요?

(1) 사회적인 영향도 있겠지만 인간이 감정적이고 비이성적인 판단을 하는 순간이 있다는 것은 분명하다. 따라서 논리적이고 이성적인 인공 지능 중심의 사회가 되면 전쟁과 환경 파괴가 줄어들 것이다.

(2) 양육 환경도 중요하겠지만, 범죄 성향을 타고나는 사람도 있다. 따라서 살인자를 처벌할 때에는 그런 점을 감안해야 한다.

⑶ 인격이나 성향도 어느 정도 유전될 것이다. 따라서 히틀러의 클론
  이 히틀러처럼 되지 않는다는 보장은 없다.

이렇게 바꾸면 생물학적 결정론과 얼마나 멀어질까요? 생물
학적 결정론은 환경의 영향을 무시한다고 했으니, 환경의 영향
을 인정하면 생물학적 결정론이 아니라고 할 수 있지 않을까요?
하지만 현실적으로는 그런 주장을 펼칠 때의 상황과 맥락을 고
려해야만 합니다. 그래서 어떤 주장이 생물학적 결정론인지를
판단하기란 쉽지 않아요.

유전자는 운명이 아니다

사실 생물학자가 볼 때 생물학적 결정론은 잘못된 지식에 토대
를 두고 있습니다. 앞서 살펴보았듯이 생물은 유전자와 환경의
합작품이며, 때로는 환경이 더 중요한 역할을 하기 때문이에요.
흔히 유전자를 청사진이라고 말하지만 그렇지 않습니다. 진
화생물학자 리처드 도킨스는 그보다는 요리법이 더 맞는 비유
라고 말합니다. 청사진의 경우, 만들어진 건물을 조사해 청사진
을 다시 작성할 수 있어요. 하지만 요리법은 다릅니다. 요리법에
는 어떤 재료를 어떻게 사용해 요리하라고 적혀 있지만, 요리만

보고서 어떤 재료로, 어떤 방법을 써서 만들었는지 그 요리법을 재구성할 수는 없지요. 또 요리에는 요리법에 적혀 있지 않은 온 갖 요소가 관여하기도 합니다.

리처드 르윈틴 같은 과학자들은 생물학자가 환경과 유전자의 영향을 다 인정하면서도 인간의 능력 차이를 고정된 것으로 보거나, 환경과 유전자의 영향을 각기 몇 퍼센트라고 확률적으로 표시하는 세련된 형태의 유전자 결정론을 펼친다고 주장합니다. 하지만 사실 유전자 결정론은 생물학자들보다는 언론 매체와 일반 대중에게서 더 흔히 볼 수 있어요. 생물학자는 표현형이 유전자와 환경의 상호작용임을 잘 알고 있기 때문이에요. 과학자가 우울증과 관련 있는 유전자가 발견되었다고 발표하면, 대중 언론은 내용을 단순화해 우울증 유전자가 발견되었다고 씁니다. 그러면 사람들은 그 유전자의 발현에 환경이 관여한다는 사실을 놓치고 말지요.

복제 인간을 둘러싼 논쟁에서는 그런 단순화와 과장법이 잘 드러난 사례들을 종종 볼 수 있어요. 과학자들은 히틀러의 클론이 똑같은 독재자가 되거나 을지문덕의 클론이 똑같은 명전략가가 될 가능성이 작다는 사실을 잘 알고 있습니다. 하지만 복제 양 돌리의 탄생으로 복제 인간이 화제로 떠올랐을 때 대중은 독재자의 클론이 대량생산되거나 냉혹한 복제 인간 군대가 등장할 것이라고 우려했습니다. 복제 인간을 다룬 각종 영화도 대중에게 그런 잘못된 생각을 심어 주는 데 한몫했어요.

일란성 쌍둥이는 유전자가 똑같지만 서로 다른 인격체입니다. 유전자가 똑같다 해도 자궁 환경, 성장 배경, 개인적 경험 등 온갖 환경 요인이 관여하므로, 누군가를 똑같이 찍어 낸다는 것은 불가능해요. 유전자나 환경이 우리의 삶을 미리 정해 놓는 것은 아닙니다. 삶은 스스로의 행동을 통해 계속 변화하는 역동적인 과정이니까요.

또 이 문제를 다룰 때, 아직 우리의 생물학 지식이 충분치 못하다는 점을 고려해야 합니다. DNA의 구조가 발견된 것은 겨우 70여 년 전이에요. 그사이에 생물학이 눈부시게 발전했다고 해도, 나아갈 길에 비춰 보면 아직 멀었습니다. 앞으로 50년이 더 지난 뒤에 추가 어느 쪽으로 기울어질지 우리는 알지 못합니다. 특정한 돌연변이 유전자가 있으면 어떠한 병에 걸릴 확률이 거의 100%인 사례도 분명히 있어요. 그러나 그 사람이 다른 사고나 질병으로 더 일찍 사망한다면요? 그 유전자가 그 사람에게 그 병을 일으킬지는 영영 알 수 없게 됩니다.

생물학적 진화 vs. 문화적 진화

문화도 진화한다고?

뇌처럼 발달할 때 환경의 영향을 많이 받는 부위도 있지만, 외모와 몸의 생화학적 활동은 주로 유전자에 따라 정해집니다. 행동도 그러할까요? 그렇습니다. 모기 같은 작은 곤충의 행동은 유전자에 새겨진 프로그램을 거의 그대로 따르는 듯 보입니다. 포유동물의 행동 중에서도 유전자에 새겨진 것들이 많아요. 그것이 바로 본능입니다. 본능적인 행동은 부모에게서 자식으로 대물림되며 타고나는 것이에요. 강아지가 태어나자마자 어미젖을 빨고, 새끼 뻐꾸기가 알에서 깨어나자마자 한 둥지에 있는 다른 알들을 밖으로 내버리는 행동은 본능이지요.

그러나 학습과 모방을 통해 습득하고 전달되는 행동도 있어요. 어미 늑대가 쇠 냄새를 맡고 덫을 피해 돌아가면 새끼 늑대도 보고 배우며, 어미 침팬지가 풀 줄기를 개미집에 넣어 개미를 낚아 먹는 행동을 하면 새끼 침팬지도 흉내를 냅니다. 즉 그런 행동들은 부모나 교사 등을 통해 다음 세대로 전달돼요. 일종의 문화인 셈이지요. 그렇다면 문화도 진화에 기여하는 것이 아닐까요? 맞아요. 문화 규범도 다른 규범들과 경쟁해 이긴다면, 오래 살아남아 계속 퍼질 수 있어요.

유전적 진화와 문화적 진화는 두 가지 큰 차이점이 있습니다. 첫째, 유전적 진화와 달리 문화적 진화는 반드시 당사자에게 혜택이 돌아오지 않아도 널리 퍼질 수 있습니다. 둘째, 유전적 진화는 수백, 수만 세대에 걸쳐 이루어지는 반면에 문화적 진화는 몇 세대 안에도 이루어질 수 있어요.

문화는 인간만 지닌 것이 아닙니다. 문화에 대한 정의는 무척 다양하지만, 문화가 모방과 학습을 통해 전달된다는 점은 분명해요. 그리고 그런 의미의 문화는 물고기에서 원숭이에 이르기까지 다양한 동물에게서 발견됩니다.

작은 물고기인 거피나 제비 같은 새들은 짝을 고를 때 남의 선택을 모방해요. 어떤 새들은 번식기가 되면 빈터에 모입니다. 수컷들이 자신의 매력을 한껏 자랑하면, 암컷들은 지켜보다가 짝을 골라요. 그때 암컷 대부분은 남이 고른 수컷을 선택해요.
즉 남의 선택을 그대로 모방하지요.

유전자와 문화의 공진화

'이기적 유전자' 개념을 내놓은 진화생물학자 리처드 도킨스는
문화적 진화에서 유전자와 같은 역할을 하는 단위를 '밈(meme)'
이라고 부르자고 제안했어요. 밈도 유전자처럼 복제의 기본 단
위이며 약간의 변이를 일으키기도 하면서 복제됩니다. 요즘은
온라인에서 빠르게 퍼지는 인터넷 밈이 대세지요. 눈길을 사로
잡으면서도 쉽게 따라할 수 있는 춤을 담은 짧은 동영상은 일주
일도 지나지 않아 조회 수가 수억 번에 달하면서 전 세계로 퍼
지곤 합니다. 유행하는 말 등을 모방한 문구나 이미지도 마찬가
지이고요. 이런 사례가 잘 보여 주듯이 문화적 진화와 생물학적
진화는 속도 자체가 달라요.

생물학적 진화와 문화적 진화는 서로 협력하기도 하고 충돌
하기도 해요. 대개 안정적 환경에서는 유전적 진화가, 계속 변화
하는 환경에서는 문화적 진화가 정보 전달에 더 효과적이라 여
겨집니다. 두 진화의 상호작용에 관한 연구는 이제 막 시작된 상
태예요. 지금은 주로 짝 선택 행동에 양쪽이 어떻게 관여하는지

에 초점을 맞춰 연구가 이루어지고 있습니다. 유전자나 문화나 번식과 직접 관련된 짝짓기 행동에 강한 영향을 미칠 것이기 때문이에요.

더 나아가 도킨스는 창조적 행동의 모방이 진화에 기여했는지도 모른다고 말합니다. 어느 동물 집단에서 누군가 평소와 다른 독창적인 행동을 했는데, 그것이 다른 동물들의 관심을 끌고 모방 열풍을 불러일으킬 수도 있습니다. 그 행동이 성적 매력을 불러일으키고 어느 정도 유전적 요소가 있다면 그것은 진화에 이바지할 수 있습니다.

일본의 '이모(芋)'라는 이름의 원숭이가 어느 날 흙 묻은 고구마를 물에 씻어 먹는 행동을 했어요. 머지않아 그 지역의 모든 원숭이가 고구마를 깨끗이 씻어 먹는 습성을 갖게 되었다고 합니다. 마찬가지로 창조와 모방의 산물이었지요. 구석기와 신석기 혁명에도 이런 모방이 중요한 역할을 했을 수 있어요. 누군가가 좀 더 뛰어나고 효율적인 도구를 만들면 주변 사람들이 모방했을 것이고, 그 결과 새로운 도구가 빠르게 퍼졌을 수 있지요.

더 나아가 밈이 인간의 뇌가 총명해지는 데 기여했다고 보는 과학자들도 있습니다. 창조적이고 예술적이며 말을 유창하게 하고 상대에게 감동을 주는 밈을 낳는 정신이 있다고 가정해 봅시다. 그 정신은 상대에게 매력적으로 보일 거예요. 또 우리는 종

종 자신에게 예술적 재능이 있는 줄 몰랐다가 음악이나 미술 밈을 모방하다가 그 사실을 깨닫는 사람들을 주변에서 보곤 합니다. 그런 식으로 밈은 숨겨져 있던 유전적 재능을 밖으로 드러낼 수 있어요. 그리고 그런 밈을 지닌 개인이 선택된다면 결과적으로 그 유전자를 지닌 개인이 선택되는 셈이에요. 밈은 그런 방법으로 진화에 기여할 수 있습니다. 즉 유전자와 문화는 함께 진화(공진화)할 수 있어요.

어른이 되어서도 우유를 소화할 수 있게 된 것이 공진화의 한 예입니다. 본래 젖을 소화하는 능력은 아기 때 젖을 뗀 뒤 사라져요. 그 유전자가 꺼지기 때문입니다. 그런데 몇몇 지역에서 목축을 하면서, 어른이 되어서도 우유나 양젖 등을 소화할 수 있는 유전자 돌연변이를 지닌 이들이 유리해졌어요. 그 결과 그 돌연변이가 널리 퍼지게 되었지요.

유전자와 문화의 충돌

최근 들어 인류의 지식과 과학기술이 급속도로 발전하면서 일어난 다양한 변화들 때문에, 생물학적 진화와 문화적 진화가 충돌을 빚는 양상도 종종 벌어집니다. 생물학적 진화는 인류가 전통적으로 접해 온 환경에 적응하도록 우리를 빚어냈어요. 즉 우리의 몸과 마음, 행동은 때로 홍수나 가뭄, 감염병이 삶터를 휩쓸고, 식량 사정이 급변하고, 사나운 맹수의 습격을 받거나 부족 간 전쟁이 벌어지는 등 자연과 집단의 예측할 수 없는 온갖 변화에 대처하는 쪽으로 진화했습니다. 자연환경에서 살아가는 여느 동물 집단과 그리 다르지 않았어요. 그러나 최근 들어 문화적 진화가 너무나 빠르게 일어나면서 생물학적 진화의 산물인 우리의 몸과 마음과 충돌을 빚는 사례들이 나타나고 있어요.

식습관의 변화로 생긴 비만과 당뇨병이 대표적인 사례입니다. 과거에는 식량이 부족할 때가 많았기에 인류는 열량이 높은 음식을 선호하고 남는 열량을 몸에 지방으로 저장하는 능력을 갖추는 쪽으로 진화했어요. 그런데 이제는 식량이 풍족해지고 패스트푸드를 비롯한 고열량 가공식품이 넘쳐나는 바람에 문제가 생겼어요. 비만과 당뇨병, 고혈압이 유행병이 되었습니다.

생활환경의 변화도 여기에 한몫해요. 수렵 채집 사회일 때 인류는 식량을 구하러 온종일 돌아다니곤 했습니다. 그런데 지금은 주로 앉아서 생활하므로 에너지를 덜 소비하지요. 게다가 위생적인 생활환경과 좋은 보건의료 서비스 덕분에 질병에도 덜 시달려요. 수십만 년에 걸친 진화 과정에서 인류가 결코 접하지 못한 상황입니다.

그런 한편 우리는 정보 중독과 과부하도 겪고 있어요. 과학기술이 급격히 발전하면서 우리가 접하는 정보 환경 또한 나날이 빠르게 변화하고 있습니다. 통신과 스마트폰, 인터넷, 소셜 미디어의 발전으로 세계의 모든 소식과 정보를 실시간으로 접할 수 있어요. 정보 부족은커녕 넘치는 정보를 걸러 내기조차 어려운 상황이 되었지요.

이런 디지털 기술의 발전이 우리의 정신적 능력에 부담을 안겨 주는 사례는 흔합니다. 사람은 본래 다중 작업 능력이 떨어지는데, 손쉽게 접하는 디지털 기기는 알게 모르게 다중 작업을 하도록 우리를 부추깁니다. 스마트폰을 보면서 길을 걷고, 온라인 게임을 하면서 수학 문제를 푸는 행동이 그런 경우예요. 그 결과 집중력과 기억력이 떨어지고 주의력이 부족해지는 상황이 발생하지요. 게다가 온라인 게임 같은 산업은 우리의 주의를 계속 집중시키고 중독을 일으키는 요소들을 잘 활용합니다. 때맞추어 즉시 보상을 제공하고 자극적인 요소를 삽입해요.

이런 정보 기술 환경은 주의력 결핍뿐 아니라 대인 관계 형성 능력과 사회성 저하, 중독을 가져올 수 있어요. 인류 사회는 서로 협력하고 보상을 나중으로 미루는 것을 전제로 합니다. 그런데 정보 기술은 즉각적인 보상에 치중하도록 만든다는 점에서 사회와 점점 더 충돌을 빚을 가능성이 커요. 최근에 급속히 발전하기 시작한 인공 지능 기술도 마찬가지입니다.

또 정보 기술은 시력 저하도 일으켜요. 예전에는 시력에 유전자가 큰 역할을 한다고 보았어요. 그런데 디지털 화면을 어디에서나 접할 수 있게 된 지금은 안경 쓴 사람을 흔히 볼 수 있어요. 문화가 유전자를 이기고 있는 사례이지요.

또 아직 명확히 드러나고 있지는 않지만, 우리가 일으킨 환경 변화가 유전자와 충돌할 가능성이 큰 사례도 있습니다. 바로 환경 오염이에요. 만연한 플라스틱 오염, 농약, 삼림 파괴, 지구온난화 등은 생물학적으로 진화한 우리의 몸과 마음과 충돌을 일으킬 거예요. 지금은 풍족한 식량, 보건 위생, 사회 기반 시설 덕분에 우리 몸이 그다지 심각한 영향을 받지 않는 듯 보이지만, 코로나바이러스감염증-19(코로나19) 대유행이 보여 주듯이 한순간에 대재앙으로 닥칠 수도 있습니다.

누군가는 인간의 창의성과 적응 능력으로 이 모든 문제를 해결할 수 있다는 희망 섞인 주장을 펼치기도 해요. 그런 주장은 인류가 그런 방향으로 노력을 기울일 것이라고 가정합니다. 다만 그런 노력을 하려면 먼저 생물학적 진화와 문화적 진화가 어느 방면에서 협력하고 충돌하는지부터 제대로 파악하고, 새로운 기술을 개발할 때부터 그 점을 고려하는 것이 중요합니다. 2024년 인공 지능 연구로 노벨상을 받은 이들도 그 점을 강조했습니다.

환경이 유전자에 영향을 미치는 법

그런데 고열량 가공식품이 어떻게 유전자에 영향을 미친다는 걸까요? 유전자는 돌연변이가 일어나지 않는 한, 평생 변하지 않는다고 했는데 말이에요.

이 의문은 단순해 보이지만, 사실 많은 사회적 논쟁의 핵심에 놓인 것이기도 해요. 시대에 따라 매체는 바뀌지만, 인류 역사에는 이런 질문이 늘 있어 왔습니다. 한쪽에서는 이렇게 주장했지요. 외래 문물이, 책이, 텔레비전이, 오락실 게임이, 컴퓨터 게임이, 인터넷이, 스마트폰이 아이를 망친다! 반면에 그런 주장이 근거가 없다고 반박하는 이들도 늘 있었지요. 해당 분야에서 일하는 사람들이 특히 그러했어요. 이런 논쟁은 지금까지도 계속되고 있으며, 앞으로도 계속될 가능성이 큽니다.

그런데 아이를 망친다는 그 무언가가 어떤 내용을 지녔는지를 떠나서, 여기서는 양쪽을 잇는 연결 고리에 초점을 맞추어 봅시다. 환경과 유전자를 잇는 연결 고리가 무엇일까요? 유전자는 변함이 없건만, 왜 한쪽에서는 환경이 영향을 미친다고 말하고 다른 한쪽에서는 아니라고 말할까요?

사실 생물이 환경에 영향을 받지 않는다는 주장은 원리상 틀렸습니다. 생물이 생존하고 적응하는 과정 자체를 부정하는 것이니까요. 그런데 환경은 어떤 경로로 몸과 마음에 영향을 미치는 것일까요?

바로 후성 유전을 통해서입니다. 후성 유전은 유전자의 염기 서열 자체를 바꾸지 않은 채, 유전자의 발현 양상을 조절하는 것입니다. 식욕을 일으키는 유전자들이 온전히 있어도, 그 유전자들의 활동을 차단한다면? 비만이 될 가능성이 작아지겠지요. 바로 이것이 후성 유전적 조절이에요. 환경은 이런 후성 유전적 조절 과정을 통해 유전자에 영향을 미쳐요.

이 조절은 여러 방식으로 이루어집니다. DNA가 감긴 실패인 히스톤과 DNA 가닥이 꽉 달라붙어서 떨어지지 못하게 만들면 어떻게 될까요? 그 유전자는 켜지지 못할 거예요. 또 DNA에 메틸기를 붙여서 전사를 방해할 수도 있어요. 메틸은 탄소 1개에 수소 3개가 붙은 화학물질로, 여러 화학물질에 결합하곤 합니다. 이때 다른 화학물질에 메틸이 붙는 것을 '메틸화', 그렇게 붙은 메틸을 메틸기라고 해요. DNA에 붙으면 DNA 메틸화라고 하지요. 최근에는 마이크로RNA라는 아주 짧은 RNA도 단백질의 합성 과정에 영향을 미쳐 후성 유전적 조절에 관여한다는 사실이 드러났습니다.

그래서 후성 유전을 체중 조절에 활용하는 사례도 나타났어요. 운동과 단식이 어떻게 후성 유전적 조절 과정을 통해 체지방에 영향을 미치는지가 밝혀지면서입니다. 운동과 단식으로 몸에 에너지가 부족해지면, 세포는 분열을 멈추고 꾹 참고 견디는 상태에 들어갑니다. 이 상태가 지속되면 DNA의 메틸화 양상이 달라지는 등 후성 유전적 변화가 나타나요.

후성 유전도 '유전'이기에, 후손에게 전달될 수 있어요. DNA 메틸화 양상 같은 것을 후성 유전적 표지라고 하는데, 실제로는 DNA 자체뿐 아니라 이런 표지까지 대물림됩니다. 영화배우 오드리 헵번이 대표적인 사례입니다. 제2차 세계대전 때 독일군의 봉쇄 조치로 네덜란드인들은 1944년 겨울, 약 6개월 동안 혹독한 굶주림에 시달렸어요. 말 그대로 풀뿌리까지 뜯어먹어야 했지요. 헵번도 그렇게 살아남았는데, 평생 깡마른 모습을 유지했어요. 게다가 당시 굶주림에 시달렸던 이들의 손주까지도 그런 체형을 유지한다는 것이 드러났습니다. 즉 그 기근 때 DNA에 새겨진 후성 유전적 표지가 고스란히 대물림된 것이에요.

그렇다면 운동선수의 자녀가 운동을 잘하고, 배우의 자녀가 연기를 잘하는 것도 후성 유전일까요? 이렇게 구체적으로 따지면 현재로서는 불분명하다고 말할 수밖에 없겠지요. 각 형질에 유전자가 얼마나 관여하는지를 잘 모르니까요. 그래도 후성 유전을 생각하면 양육이나 교육 같은 환경이 많은 적든 관여한다고 볼 수 있지 않을까요?

어쨌든 후성 유전은 환경과 유전의 경계를 명확히 긋기가 어려운 사례가 많다는 사실을 말해 줍니다. 또 후성 유전은 우리의 노력이 우리 자신뿐 아니라 후손에게도 영향을 미칠 수 있다고 말합니다. 그렇다면 거꾸로 환경 오염의 영향처럼, 우리가 일으킨 해로운 결과가 후손에게까지 영향을 미칠 수도 있다는 뜻도 되지 않을까요? 이 또한 명확히 밝혀내려면 많은 연구가 필요할 것입니다.

5

이토록 쓸모 있는 DNA 지식

생활 속으로 들어온 DNA

사람을 찾아볼까, DNA 감식

해마다 수만 편의 DNA 연구 논문이 쏟아지고 있어요. 과학자들은 자기 분야의 논문만 읽기에도 벅찰 정도이지요. 이 많은 지식은 우리 생활에 어떻게 쓰일까요? 각자의 몸에 있는 DNA는 세상에서 유일한 존재를 만드는 토대이자 우리 종의 역사를 담고 있으며, 다른 종과의 관계도 알려 줄 수 있습니다. 어떤 질병에 걸릴 가능성이 큰지도 알려 주지요. 현재 DNA의 그런 잠재력을 활용하는 방안들이 활발하게 연구되고 있어요. 우리에게 친숙한 DNA 감식도 그중 하나입니다.

손가락의 지문은 사람마다 다르기에 신원을 확인하는 용도로 널리 쓰여요. 범죄 현장에서 수사관들이 맨 처음 하는 일 가운데 하나가 지문을 채취하는 것입니다. 보안 시설에 들어갈 때 지문으로 본인이 맞는지 확인하기도 해요. 지문 말고도 사람마다 다르고 세월이 흘러도 잘 변하지 않는 것이라면 무엇이든 신원 확인에 쓸 수 있어요. 손등의 혈관 분포, 눈동자의 홍채 무늬, 음성 등도 사람마다 다르고 쉽게 변하지 않기 때문에 신원 확인에 쓰이곤 하지요.

DNA도 같은 용도로 쓸 수 있어요. 일란성 쌍둥이나 복제 인간은 예외이지만 DNA도 사람마다 다르기 때문입니다. DNA를 이용해 신원을 확인하는 방법을 DNA 지문 분석이라고 해요. DNA는 피 한 방울, 피부 한 조각, 침 한 방울만 있어도 얻을 수 있으므로, 다른 신원 확인 방법이 없거나 불충분할 때 큰 도움이 됩니다. 게다가 DNA 지문 분석은 혈연관계까지 파악할 수 있는 장점이 있어요. DNA 지문 감식 기술은 친자 확인, 범죄 수사, 재난 희생자 신원 파악 같은 분야에 혁신을 일으켰습니다.

DNA 지문 감식을 하려면 피부나 체액이나 머리카락(털뿌리가 붙어 있는 것)이 필요해요. 거기에서 DNA를 추출합니다. DNA의 양을 크게 늘릴 수 있는 중합 효소 연쇄 반응(PCR)을 쓰면 DNA가 1조 분의 1g만 있어도 지문 분석을 할 수 있습니다.

DNA는 아주 길어요. 그중에는 염기 서열이 사람마다 다른 부위도 있고 거의 모든 사람에게 똑같은 부위도 있습니다. 신원 확인을 하려면 당연히 사람마다 다른 부위, 즉 변이(다형성)가 나타나는 부위를 분석해야 해요. 변이는 반복 서열에서 특히 심하게 나타납니다. 반복 서열은 말 그대로 어떤 염기 서열이 반복해서 나타난다는 뜻이에요. 한 예로 AATAATAAT는 AAT 서열이 3회 되풀이되는 반복 서열입니다. 반복 서열은 유전자가 아닌 부위에 주로 있는데, 염색체의 동원체(염색체의 잘록한 부위) 근처에 많이 몰려 있어요.

반복 서열은 종류가 많으며 길이도 다양합니다. 중요한 점은 특정한 서열의 반복 횟수가 사람마다 다르다는 거예요. 철수에게서는 AAT 서열이 3회, 영희에게서는 7회 반복되어 나타날 수 있습니다. 부모로부터 물려받는 반복 서열의 반복 횟수는 사람마다 달라요. 어머니에게 받은 2번 염색체에는 AAT가 4회 반복되어 있고, 아버지에게 받은 2번 염색체에는 7회 반복되어 있을 수도 있겠지요. 이 유전형을 4/7이라고 합시다. 한편 부모로부터 똑같이 서열이 8회 반복되는 염색체를 물려받을 수도 있어요. 그러면 유전형은 8/8이 되겠지요.

염색체 전체에는 반복 서열이 무수히 많습니다. 그런 반복 서열들을 모두 조사하려면 시간과 비용이 많이 들기 때문에, 신원 확인을 할 때는 대개 표지로 삼은 20곳 안팎을 검사해요. 표지

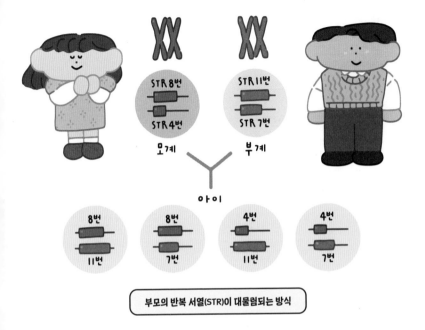

STR 8번
STR 4번
모계

STR 11번
STR 7번
부계

아이

8번
11번

8번
7번

4번
11번

4번
7번

부모의 반복 서열(STR)이 대물림되는 방식

마다 1/2, 2/2, 3/8 등 다양한 유전형이 나타날 수 있으므로 이 정도로도 수십만 가지 조합이 나올 수 있어요. 따라서 두 사람이 똑같은 DNA 지문을 가질 확률은 극히 낮지요.

DNA 지문 감식의 창시자는 영국의 유전학자 앨릭 제프리스입니다. 그는 1984년에 DNA 변이를 이용해 사람의 신원을 확인하는 방법을 개발했어요. 우리나라에서 DNA 지문 감식이 본격적으로 쓰이기 시작한 것은 1992년부터입니다. DNA 지문 분석은 범죄 사건뿐 아니라 대규모 재난이나 사건이 발생했을 때

사망자의 신원을 확인하는 데에도 중요한 역할을 해요. 최근에는 친자 감별에도 많이 쓰이고 있으며 관련 기업도 많아지는 추세입니다.

DNA 지식으로 질병을 고치다

DNA 지식과 기술의 발전은 생명공학을 탄생시켰습니다. 생명공학은 효소 같은 생체 물질이나 미생물을 산업적으로 이용하는 것을 말해요. 현재 생명공학은 의학, 제약, 농업, 환경, 식품 등 다양한 분야에서 활용되고 있어요. 생명공학을 탄생시킨 것은 재조합 DNA 기술(유전자 재조합 기술)이에요. 재조합 DNA 기술은 한마디로 DNA를 마음대로 잘랐다 붙였다 할 수 있는 기술입니다. 개구리의 유전자를 떼어 내 감자의 염색체에 붙일 수도 있고, 유전자의 염기 서열을 원하는 대로 바꿀 수도 있어요.

이 기술의 잠재력을 알아차린 연구자들은 그 기술로 약물을 대량생산하는 방법을 개발했습니다. 첫 성과물은 당뇨병 치료에 쓰이는 호르몬인 인슐린이었어요. 이후 생명공학은 제약 산업의 중추가 되었습니다. 처음에는 인슐린, 성장 호르몬 등 기존 약물을 저렴하게 대량생산하는 방법을 개발하는 데 초점이 맞추어 졌어요. 그 단계가 지나자, 제약 회사와 연구 기관은 개발하기 쉽지 않지만 성공하면 엄청난 수익을 안겨 줄 새로운 약물 개발에 나섰어요. 대부분은 실패하면서 큰 손해를 입지만, 일부는 성공을 거두었어요. 그 뒤로 조직 배양, 세포 융합, 복제, 유전자 편집 등 다양한 기술들이 개발되어 생명공학에 활용되고 있습니다.

신약 개발은 대개 단백질을 표적으로 삼아요. 단백질이 수용체와 결합하는 과정을 차단하거나 도와줌으로써 생체 활동에 영향을 미치는 약물을 만드는 것이지요. 그러려면 먼저 해당 단백질을 만드는 유전자를 찾아야 합니다. 단백질과 수용체는 비슷비슷한 종류들이 많으므로, 신약은 해당 단백질이나 수용체뿐 아니라 비슷한 단백질이나 수용체에도 영향을 미칠 수 있어요. 그러면 부작용이 나타날 수 있지요. 부작용이 없으면서도 원하는 효과를 발휘하는 약물을 개발하려면 관련된 유전자와 단백질을 상세히 연구해야 합니다.

암을 예로 들어 봅시다. 암은 현재 인류의 가장 큰 적이라 할 수 있어요. 방사선 요법이나 화학 요법 같은 기존의 암 치료법은 암세포뿐 아니라 정상 세포까지 죽입니다. 즉 부작용이 심하지요. 암세포만 골라 죽이는 치료법이나 치료제가 필요해요. DNA 지식은 방법을 제시합니다. 암세포의 성장 인자인 단백질과 그 수용체를 공략하라는 것입니다.

DNA 지식을 이용한 신약 개발의 대표적 성공 사례가 글리벡입니다. 글리벡은 만성골수성백혈병(CML) 치료제예요. 글리벡은 세포 성장을 조절하는 효소인 단백질을 표적으로 삼습니다. 이 단백질에 문제가 생기면 백혈구가 계속 생산되면서 백혈병에 걸려요. 이 병은 유전자 질환이긴 하지만 유전되지는 않습니다. 살다가 골수의 혈액세포 하나에서 돌연변이가 일어나면 발병해요. 따라서 그 유전자나 단백질의 활동을 차단하면 백혈병의 진행을 막을 수 있고, 유전자에 이상이 생긴 세포들이 모두 죽으면 병도 나을 수 있어요. 글리벡은 이 단백질에 결합해 활동을 차단함으로써 백혈구의 양을 정상으로 돌려놓습니다.

이런 식으로 암의 성장 과정을 이해하고 효과적인 치료법을 찾아낸다면 다른 암들도 부작용이 거의 없이 치료할 수 있을 거예요. 글리벡은 암이 생성되는 과정을 이해하고 그 지식을 토대로 개발된 최초의 항암제입니다. 그 뒤로 DNA 지식을 활용한 항암제들이 계속 나오고 있어요.

암세포에 양분이 공급되지 못하도록 해서 암을 치료하려는 과학자들도 있어요. 암세포도 세포이므로 혈관으로부터 양분을 얻습니다. 암세포로 혈관이 형성되는 것을 차단하면 암세포를 굶겨 죽일 수 있지요. 혈관도 성장 인자가 있어야 생겨요. 그래서 혈관 성장 인자의 활동을 차단하는 물질이 개발되고 있습니다.

DNA 지식은 유전자 요법도 낳았습니다. 유전자 요법은 정상 유전자를 세포에 넣어 병의 원인이 된 비정상 유전자를 교체하는 방법이에요. 이 방법은 혈우병, 낫모양 적혈구 빈혈증 등 유전자 하나의 이상으로 생기는 유전병을 치료하는 데 유용할 거예요.

유전자 요법은 체세포뿐만 아니라 생식세포에 쓸 수도 있습니다. 체세포는 한 개인의 병을 치료하는 것이에요. 하지만 유전자 질환은 대물림될 수 있습니다. 즉 본인은 치료되어도 자손은 그 병에 걸릴 수 있지요. 따라서 아예 생식세포를 치료하고 싶은 유혹을 느낄 수 있어요. 정자나 난자 혹은 수정란을 치료하면 세대마다 치료해야 하는 불편이 없어집니다. 하지만 생식세포 유전자 요법은 안정성뿐 아니라 윤리적으로도 논란이 많아요. 잘못될 위험이 있을 뿐 아니라, 아예 유전자를 개량하고 싶은 유혹도 느낄지 모릅니다. 말 그대로 머리나 몸매를 좋게 한다는 유전자를 집어넣을 수도 있으니까요.

최근에는 유전자 편집 기술이 활발하게 연구되고 있어요. DNA의 특정한 서열을 찾아내 자를 수 있는 유전자 가위를 이용한 기술이에요. 말 그대로 원하는 대로 유전자의 특정 서열을 잘라 낸 뒤, 다른 서열을 넣거나 해서 이어 붙일 수 있는 기술입니다. 부작용 없이 쓸 수만 있다면 가장 효율적으로 유전자를 원하는 대로 바꿀 수 있을 거예요. 하지만 DNA에는 똑같은 서열이 많이 있을 것이므로 염색체의 엉뚱한 곳까지 잘릴 수 있어요. 부작용을 줄이고 원하는 곳만 잘라 낼 수 있는 유전자 가위와 유전자 편집 기술을 개발하기 위한 연구가 이루어지고 있습니다.

유전자 변형 작물은 인류를 구원할까

DNA 기술은 신약 개발 외에 다른 용도로도 쓸 수 있어요. 거미줄은 단위 무게로 볼 때 강철보다 단단하고 탄력이 있습니다. 이 거미줄을 만드는 유전자를 분리해서 세균에 넣으면 거미줄을 대량생산할 수 있어요. 또 천연 단백질을 개량하는 것도 가능합니다. 아미노산 서열을 바꿔 더 유용한 단백질을 얻을 수도 있지요. 젖소의 우유 생산량을 증가시키는 소 성장 호르몬이 한 예입니다. 또 호르몬이나 백신이 든 작물을 만들 수도, 거미줄이 섞인 목화를 만들 수도 있어요. 가능성은 무궁무진합니다.

하지만 오늘날 가장 논란을 불러일으키는 것은 유전자 변형 작물이에요. 유전자 변형 작물은 말 그대로 인위적으로 유전자를 변형시킨 것입니다. 자연에는 곤충을 죽이는 세균들이 있어요. 바실루스 투링기엔시스(*Bacillus thuringiensis*)가 한 예입니다. 이 세균은 독소로 곤충의 세포를 파괴해 양분을 얻어요. 연구자들은 이 독소를 아예 식물에 넣으면 어떨까 생각했어요. 그러면 살충제를 뿌릴 필요가 없어지지 않을까요? 그 식물을 먹은 곤충은 죽고 말 테니까요. 이 방법은 살충제와 비교했을 때 두 가지 장점이 있습니다. 작물을 먹는 곤충, 즉 작물에 해를 입히는 곤충만 죽일 수 있고, 살충제의 효과가 미치지 못하는 땅속이나 식물 속에 사는 곤충들까지 없앨 수도 있어요. 현재 바실루스 투링기엔시스(Bt) 유전자를 넣은 옥수수, 감자, 목화, 콩 등 다양한 작물이 재배되고 있습니다.

또 인간이 병에 걸리지 않도록 백신을 접종하는 방법을 이용해 내성을 지닌 작물을 만들 수도 있어요. 식물은 면역계가 없지만, 어떤 바이러스에 감염되었을 때, 나중에 그 바이러스에 내성을 갖는 경우가 종종 있습니다. 이것을 교차 보호 현상이라고 해요. 가령 약한 바이러스에 일부러 감염시키면 종류는 같으면서 더 강한 바이러스에 내성을 갖게 됩니다. 그러면 아예 그 약한 바이러스의 유전자를 작물 유전체에 삽입하면 더 좋지 않을까요? 하와이 파파야 산업은 파파야둥근무늬바이러스에 걸려 몰락할 뻔했는데, 이 방법으로 위기에서 벗어났어요.

이 외에도 해충이나 살충제나 제초제 내성을 강화하거나, 생산량을 증대하거나, 보관이나 유통이나 가공을 용이하게 하거나, 특정 성분을 추가하는 등 다양한 용도의 유전자 변형 작물이 나와 있어요.

유전자 변형 작물은 이미 많이 재배되고 있지만, 그 작물과 그로부터 나온 식품의 안전성 문제를 놓고 논쟁이 계속되어 왔습니다. 유전자 변형 식품 논쟁은 두 가지 쟁점이 얽혀 있어요. 하나는 그런 식품이 정말로 건강이나 환경에 위험한지를 다루는 과학적 질문이며, 다른 하나는 그런 식품을 만드는 다국적기업의 행동과 세계화가 가져올 영향을 다루는 정치적·경제적 질문입니다.

유전자 변형 식품을 둘러싼 찬반 논리를 살펴봅시다. 반대하는 이들은 유전자 변형 식품이 자연적인 것이 아니라고 말합니다. 인간이 의도적으로 만들어 낸 것이기에 자연의 조화를 해칠 수 있다는 거예요. 하지만 찬성 측은 우리가 먹는 식품 중 자연적인 것은 없다고 반박합니다. 수천 년 동안 인류는 인위적 선택을 해 왔고, 우리가 먹는 작물들은 거의 모두 인위적으로 종자 개량을 거쳤다는 주장이에요. 예전에는 교배라는 엉성한 방법을 썼지만, 지금은 DNA와 유전자를 다루는 섬세한 방법을 쓰고 있다는 점이 다를 뿐이라고요. 그러나 반대 측은 유전자 변형이 단기간에 변화를 일으키므로 예기치 않은 여러 가지 부작용이 나타날 수 있다고 봅니다. 지구 기온은 본래 자연적으로 변하기 마련이니 지금의 급격한 지구온난화가 별일 아니라고 말할 수 있을까요?

또한 반대 측은 유전자 변형으로 알레르기 유발 물질이나 독성 물질이 생성될 수도 있다고 주장해요. 유전자의 발현 과정은 복잡하므로 유전자 변형이 예기치 않은 위험을 불러올 수 있다는 거예요. 이들은 브라질너트를 예로 듭니다. 서아프리카 사람들의 음식에는 아미노산인 메싸이오닌이 부족합니다. 그런데 이 아미노산은 브라질너트의 단백질에 많이 들어 있어요. 그렇다면 그 단백질 유전자를 아프리카 콩에 넣으면 좋지 않을까요? 하지만 그 단백질이 알레르기를 일으킬 가능성이 크다는 사실이 밝혀지면서 계획은 중단되었습니다. 한편 찬성 측은 그 사례를 거꾸로 인용해요. 즉 문제가 발생하면 언제든지 중단할 수 있다는 거예요.

반대 측은 '슈퍼 잡초'가 등장해서 환경이 망가질 것이라고 주장합니다. 제초제 내성 유전자가 잡초 유전체로 들어가 잡종이 생겨날 수도 있다는 거예요. 그러면 오히려 작물이 아니라 잡초가 더 번성할 수 있습니다. 찬성 측은 자연이 본래 그러하니 문제 삼을 이유가 없다고 주장합니다. 살충제를 뿌리면 살충제 내성을 지닌 곤충이 나타나고, 제초제를 뿌리면 제초제 내성을 지닌 잡초가 나타나기 마련이라는 것이지요. 그것이 바로 자연

법칙이며, 어쨌든 살충제보다는 낫다고 말합니다.

정치적·경제적 차원도 한번 살펴볼까요? 반대 측은 유전자 변형 작물이 농민을 더 가난하게 만들고 다국적 종자 기업의 배를 불린다고 주장합니다. 다국적기업이 수확한 종자가 발아하지 못하도록 조작해, 농민들이 매년 종자를 새로 구입해야 하는 처지가 된다는 거예요. 찬성 측은 그런 논쟁 자체가 여유 있는 사람들이 하는 짓이라고 말합니다. 식량 부족에 시달리는 가난한 나라에서는 무조건 생산량이 높은 작물을 심어야 한다고요. 메뚜기 떼나 개미 떼가 한번 휩쓸고 가면 황폐해지는 데 유전자 변형 작물이면 어떠냐는 거예요.

유전자 변형 작물을 생산하는 쪽이 주로 강대국과 다국적기업이라는 점도 논쟁을 복잡하게 만드는 한 요인입니다. 개별 농민들이 유전자 변형 작물을 원하는가와 상관없이 그 산물이 저렴한 가격으로 다량 수입되면 자국 농업이 피해를 입을 수 밖에 없어요.

만일 우리나라가 유전자 변형 작물의 수입국이 아니라 수출국이 된다면 어떨까요? 우리나라의 유전자 변형 기술은 세계적인 수준에 도달해 있습니다. 병충해 억제뿐 아니라 유용한 물질을 강화하거나 알레르기 유발 원인을 제거한 이른바 기능성 작물을 내놓는 수준에 도달했지요. 따라서 우리나라가 그런 작물의 수입국에서 주요 수출국으로 탈바꿈할 날이 올지도 모릅니다. 그렇다면 논쟁은 더 복잡한 양상을 띠게 될 거예요.

유전자 변형 식품과 관련해 가장 중요한 것은 안전성이 입증될 수 있을 때까지 충분한 연구와 규제가 이루어져야 한다는 점입니다. 혜택과 위험을 비교 분석할 필요도 있어요. 이런 논의에서는 무엇보다 불확실성을 줄이고 올바른 지식을 갖추는 것이 중요합니다. 위험과 혜택을 충분히 안다면 왜곡된 주장이 받아들여질 여지가 줄어들 거예요.

인류의
기원을 찾아서

우리는 어디에서 왔을까

각 개인의 DNA에는 공통 조상과 인류 이동의 역사가 기록되어 있어요. 모든 기록이 그렇듯이 DNA 기록도 시간이 흐르면서 점점 단편적으로 변해 가지만, 여러 부위를 종합하면 어느 정도 신뢰할 수 있을 만큼 역사를 재구성할 수 있습니다. 유전체의 어느 부위든 간에 인류 역사를 연구하는 데 사용할 수 있어요. 대개 연구자들은 모계나 부계 중 한쪽으로만 전달되는 DNA에 초점을 맞춥니다. 그런 자료들은 남녀의 진화사도 알려 주지요.

유전체 자료가 축적되고 재조합 DNA 기술이 등장하면서 1970년대부터 인간의 DNA를 유인원을 비롯한 다른 종의 DNA

와 비교하는 것이 가능해졌어요. 1980년대에 개발된 PCR 기술 (소량의 DNA를 증폭시키는 기술)도 인류의 기원 연구에 기여했어요. 1990년대 말 연구자들은 네안데르탈인의 유골에서 미토콘드리아 DNA(mtDNA)를 채취하는 데 성공했어요. DNA는 물이나 세균에 쉽게 분해되지만, 이상적인 조건에서는 5만 년 동안 보존될 수 있습니다. 얼마 안 되는 양이었지만 PCR 기술을 이용해 양을 늘려 분석할 수 있었어요.

그런데 DNA로 어떤 연구를 할 수 있는 걸까요? 먼저 mtDNA의 유사점과 차이점을 이용하면 모계 가계도를 그릴 수 있습니다. MtDNA는 세포핵이 아니라 미토콘드리아에 들어 있어요. 미토콘드리아는 세포 내에서 에너지를 생성하는 일을 맡고 있지만, 본래는 독립적으로 생활하던 세균이었어요. 약 30억 년 전에 초기 세포 속으로 들어가서 공생 관계를 이루었고, 그 뒤로 세포소기관으로 자리를 잡았지요. 따라서 미토콘드리아는 자체 DNA를 갖고 있습니다.

세월이 흐르면서 mtDNA는 많은 유전자를 잃었어요. 숙주 세포에도 있는 유전자들을 굳이 간직하고 있을 필요가 없었기 때문이에요. 그리고 호흡에 관한 유전자들은 세포핵으로 넘겨주었어요. 사람의 mtDNA에는 37개의 유전자만 남아 있습니다. 하지만 고리 모양을 이루고 있고, 인트론이 없는 등 세균 DNA의 특징을 여전히 간직하고 있지요.

MtDNA가 모계로 유전되는 이유는 난자에 들어 있는 미토콘드리아가 자손에게 전달되기 때문입니다. 난자에는 약 20만 개의 미토콘드리아가 들어 있어요. 정자에도 미토콘드리아가 있긴 하지만, 그 수가 적고 난자로 들어가지 않으며 설령 들어간다고 해도 사실상 파괴된다고 알려져 있습니다. 따라서 mtDNA는 모계로 전해지며 할머니, 어머니, 딸의 mtDNA는 모두 똑같아요.

또 mtDNA는 돌연변이율이 높아서(핵 DNA의 약 10배) 진화적으로 비교적 짧은 기간에도 변화가 나타납니다. 인류는 진화한 기간이 그리 길지 않아 아직 핵 DNA에는 변화가 덜 축적된 편입니다. 그래서 인류의 가계도를 분석하는 데에는 mtDNA가 더 유용합니다.

반면에 Y염색체는 오로지 아버지로부터 아들에게로 전달되므로 부계의 진화사를 추적하는 데 사용됩니다. 인간의 Y염색체는 약 6,200만 개의 염기로 이루어져 있고, 약 693개의 유전자를 갖고 있어요. Y염색체에 나타난 돌연변이들을 이용하면 집단의 부계를 재구성할 수 있습니다.

다른 염색체(상염색체)들은 모양과 크기가 비슷한 것들이 둘씩 있어요. 감수분열 때 같은 상염색체끼리 붙어서 쌍을 이루며, 그때 염색체의 일부가 교차하기도 해요. 이 때문에 상염색체로는

DNA 서열 계보를 추적하기가 더 어렵습니다.

하지만 mtDNA와 Y염색체는 우리 유전체 중 극히 일부에 불과하며, 유전체 전체를 살펴보면 훨씬 더 많은 정보를 얻을 것이 분명합니다. 다른 염색체들에 있는 유전자들도 나름의 역사를 간직하고 있어요. 따라서 유전자마다 보여 주는 가계도가 다를 수밖에요. 그래서 요즘은 특정 염색체가 아니라 유전체 전체를 분석하는 추세예요.

돌연변이로 역사를 알 수 있다고?

DNA는 온갖 화학물질과 자연 방사선의 공격을 끊임없이 받고 있습니다. 그것들은 DNA에 돌연변이를 일으켜요. 돌연변이는 시간이 흐를수록 축적되면서 진화의 원료가 됩니다. 한 집단이 둘로 갈라진 뒤 교류가 중단되면, 각 집단에는 서로 다른 돌연변이가 축적되지요. 세월이 흐를수록 두 집단의 유전체는 점점 더 차이를 보이게 됩니다.

오래전에 갈라진 집단은 최근에 갈라진 집단보다 돌연변이가 더 많이 쌓여 있어요. 따라서 돌연변이가 일어난 정도를 보면 어느 집단이 먼저 갈라졌는지를 추정할 수 있습니다. 하지만 돌연변이가 발생하는 빈도(돌연변이율)가 일정하지 않다면요? 최근에 갈라진 집단 쪽에서 돌연변이가 더 빨리 일어나면 어떻게 될까요? 그러면 집단이 갈라진 순서를 잘못 판단하게 될 거예요.

실제로는 어떨까요? 돌연변이율은 유전자마다 다릅니다. 돌연변이가 빨리 축적되는 유전자도 있고, 거의 일어나지 않는 유전자도 있어요. 하지만 한 유전자에서 돌연변이가 축적되는 속도는 거의 일정합니다. 따라서 같은 유전자를 비교하면 집단들이 갈라진 순서를 올바로 추정할 수 있어요. 그 말은 한 유전자의 돌연변이율을 시계로 삼을 수 있다는 의미입니다. 그것이 바로 '분자 시계'예요.

분자 시계는 시간이 흐를수록 돌연변이들이 거의 일정한 속도로 늘어난다는 단순한 개념입니다. 유전자마다 째깍거리는 분자 시계를 하나씩 갖고 있습니다. 한 번 '째깍' 하는 데 걸리는 시간은 분자 시계마다 달라요.

어떤 유전자의 분자 시계가 얼마나 빨리 움직이는지 알았다고 해 봅시다. 이제 두 집단에서 그 유전자의 염기 서열을 분석하면 둘이 언제 갈라졌는지, 즉 공통 조상이 언제 살았는지를 추정할 수 있어요. 더 나아가 전 세계 인류 집단이 갈라진 순서를 알 수 있고, 인류 최초의 공통 조상이 언제 살았는지도 파악할 수 있습니다.

DNA로 추적하는 공통 조상

1987년 캘리포니아의 한 연구진은 분자 시계 개념을 mtDNA에 적용해 인간의 가계도를 작성했습니다. 그들은 mtDNA에 돌연변이가 많을수록 더 먼 집단이라고 추정했어요. 가계도는 큰 가지가 두 개 뻗은 모양이었어요. 한 가지에는 아프리카에 사는 인류 집단들의 mtDNA가 속해 있고, 다른 가지에는 나머지 모든 집단의 mtDNA가 속해 있었어요. 아프리카 mtDNA들로 된 가지가 뿌리에 더 가까웠습니다. 그것은 아프리카 mtDNA 집단이 맨 처음 갈라져 나갔다는 것을 뜻해요. 또 당시 공통 조상이 아프리카에 살았다는 사실을 강하게 시사합니다. 이 분기가 일어날 때 양쪽에 속한 개체들이 살고 있을 곳은 거기밖에 없었으니까요. 연구진은 현대 인류가 약 20만 년 전 아프리카에 살았던 공통 조상에게서 유래했다고 추정했습니다.

MtDNA는 모계로 유전되므로, 끝까지 추적하면 공통 조상인 한 여성이 나와요. 흔히 그 여성을 미토콘드리아 이브라고 해요. 이 용어가《성경》의 이브를 연상시키기에 오해를 불러일으킵니다. 즉 미토콘드리아 이브가 최초의 인간이라는 생각을 은연중에 품게 만드는 거예요. 하지만 그것은 우리의 mtDNA가 모두 한 여성에게서 유래했다는 뜻일 뿐입니다. 다른 유전자들은 저

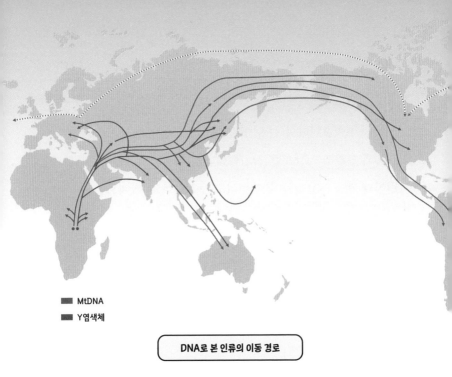

■ MtDNA
■ Y염색체

DNA로 본 인류의 이동 경로

마다 다른 공통 조상으로 이어져요. 어떤 유전자는 미토콘드리아 이브보다 수십 년 더 앞서 산 여성이 최초의 조상이라고 말할 거예요. 그녀의 후손들이 모두 전염병으로 죽어서 대가 끊겼다 해도, 이미 혼인을 통해 다른 가계로 유입된 그녀의 유전자는 계속 살아남을 수 있습니다. 따라서 유전자마다 다른 사람을 최초의 조상이라고 내세울 거예요.

곧 연구자들은 Y염색체를 이용해 남성 가계도도 작성했습니다. 그 가계도의 맨 밑에는 Y염색체 아담이 있을 테지요. 미토콘드리아 이브는 약 15만 년 전에, Y염색체 아담은 약 20만~30만 년 전에 살았던 것으로 추정됩니다. 하지만 이 연대는 어느 부족 집단에서 오래전에 갈라진 새로운 유형의 Y염색체나 미토콘드리아가 발견되면 달라질 수 있습니다.

두 분석 자료를 비교하면 집단 형성 및 집단 사이의 유전자 혼합 과정에서 남녀의 역할이 달랐다는 것이 드러납니다. 일반적으로 mtDNA들은 이웃 집단 사이의 유전자 교환이 느리고 꾸준하게 이루어졌다고 말해 줍니다. 많은 사회에서 여성이 결혼 후 남편의 마을로 이주함에 따라 그러한 유전자 교환이 이루어졌을 거예요. 반면에 Y염색체들은 남성이 이웃 집단으로 옮겨가는 경우가 적었다는 사실을 간접적으로 드러냅니다.

이렇게 mtDNA와 Y염색체는 인간의 역사에 관해 많은 것을 알려 줍니다. DNA에는 혼인 관계와 이주 양상의 자취, 질병과 자연재해 같은 집단이 겪은 사건들의 증거가 들어 있어요. 그렇다면 유전체 전체를 분석하면 더 많은 증거를 얻을 수 있을 거예요. 유전자 분석 기술이 발전한 덕분에 지금은 그런 연구도 활발하게 이루어지고 있어요. 이를 전장 유전체 분석이라고 해요. 이렇게 유전체 전체를 볼 때는 미토콘드리아 이브나 Y염색체 아담 같은 단일 조상이라는 개념은 무의미해져요. 유전자마다 온갖 양상으로 뒤섞이고 조합되니까요. 다시 말해 각 유전자는 수많은 조상의 DNA 조각들이 짜깁기된 것이라고 볼 수 있어요. 그래도 컴퓨터 기술의 발전 덕분에 우리 각자가 어디에서 왔는지 추적할 수 있습니다.

그러면 우리 한국인은 어디에서 기원했을까요? 새로 발굴되는 유골이 있다면 DNA를 분석할 수 있겠지요? 안타깝게도 우리나라는 비가 많이 내리고 계절 변화가 심해서 뼈가 잘 보존되기 어려운 환경입니다. 그래도 삼국시대 무덤에서 유골이 발굴되곤 해서 그 시대까지는 분석이 가능해요. 그렇게 해서 얻은 자료와 다른 지역의 고대인 자료들을 비교 분석하니, 한국인은 여러 차례 유전자들이 섞인 혼혈 집단이라는 결과가 나왔어요.

먼저 신석기시대에 빙하기 추위를 피해 내려와 살던 사람들이 있었어요. 그 뒤에 아시아에 청동기시대가 시작되면서 인구 증가와 혼합이 일어났어요. 특히 중국 랴오허강 지방이 그랬지요. 그들은 여러 방향으로 퍼져 나갔고 일부 계통이 한반도로 들어왔어요. 그 결과 북방계와 남방계가 섞인 한국인 혈통이 생겨났지요. 대체로 북방계가 40%, 남방계가 60%라고 추정해요. 예전에는 몽골인과 한국인이 더 비슷하다고 생각했지만, 지금은 몽골인은 유전적으로 좀 거리가 멀다고 봅니다. 한국인과 중국인, 일본인이 훨씬 더 가까운 집단이에요. 더 오래된 유골이 발견되면 더욱 흥미로운 연구가 이루어질 수 있겠지요?

생물종을
탐구하다

네안데르탈인은 우리의 조상일까

고인류학자들이 발견한 화석들은 인류가 한 시대에 한 가지 종만 있었던 게 아님을 말해 줍니다. 지금은 호모 사피엔스 한 종만 살고 있지만, 예전에는 적어도 두 종 이상의 인류가 공존했어요. 우리는 무성하게 가지를 뻗은 인류 가계도에서 잔가지 하나에 불과해요. 인류의 기원은 적어도 600만 년 전으로 거슬러 올라갑니다.

그 뒤로 호모 에렉투스, 호모 하이델베르겐시스 등 다양한 종이 출현했으며 진화를 거듭해 이윽고 네안데르탈인과 현생인류가 등장했어요. 네안데르탈인은 주로 유럽에 살았고, 현생인류는 아프리카에 살다가 유럽으로 진출, 이어서 전 세계로 퍼져 나갔어요.

다양한 인류 종 가운데 살아남은 것은 우리 호모 사피엔스뿐이에요. 우리의 가장 가까운 친척이었던 네안데르탈인은 약 4만 년 전에 멸종했습니다. 네안데르탈인이 현생인류 때문에 멸종했는지 환경 변화에 적응하지 못해 멸종했는지는 아직 분명히 알지 못합니다. 어쨌든 그들이 사라지면서 침팬지가 우리의 가장 가까운 친척이 되었어요.

예전에는 네안데르탈인이 우리보다 원시적이었다고 여겼습니다. 그러나 그들이 우리 못지않은 문화와 지능을 지니고 있었고, 더 추운 기후에 적응한 종이었음이 드러났어요. 그리고 DNA 연구는 그들과 우리가 상호 교배를 했다는 사실을 보여 줍니다. 유라시아인, 오스트레일리아와 태평양 제도, 아메리카 원주민, 북아프리카인 유전체의 약 1~4%는 네안데르탈인에게서 온 것입니다. 아프리카 남부에 사는 이들은 0.3%로 더 적어요. 또 집단마다 네안데르탈인에게서 받은 유전체 영역이 다르므로, 인류 전체로 보면 유전체의 약 20%가 네안데르탈인에게서 왔다고 할 수 있어요. 그중에는 면역계, 뇌 구조, 당 대사와 관련된 유전자들도 있습니다.

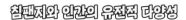
현생인류의 유전체는 99.9%가 똑같습니다. 하지만 집단별로 각기 다른 돌연변이들이 축적되어 왔어요. 생존과 전혀 무관한 돌연변이도 있고, 저마다의 환경에서 적응하는 데 도움을 준 돌연변이도 있습니다.

종 내의 유전적 다양성은 진화 역사를 어느 정도 반영합니다. 유전적 다양성에 영향을 미치는 요인들은 많아요. 유전적으로나 문화적으로 고립된 집단은 서로 더 비슷하지요. 덜 고립된 집단은 다른 집단과 상호 교배가 더 활발히 이루어져서 유전적 다양성이 더 높아질 수 있습니다.

피부색, 키, 눈동자와 머리카락의 색 등을 보면 인류는 다양성이 아주 큰 것처럼 느껴집니다. 반면에 침팬지는 우리 눈에 다 비슷비슷해 보여요. 그렇다면 우리가 침팬지보다 유전적으로 더 다양할까요?

침팬지는 적도 아프리카에서 기원해 그곳에서 진화했어요. 오늘날 침팬지들은 모두 비슷한 서식지에서 살고 있습니다. 서로 달라지게끔 만드는 선택압이 적었기 때문에, 침팬지들은 집단 내에서나 집단 사이에서나 신체적 차이가 거의 없는 쪽으로 진화했습니다. 그러니 상식적으로 침팬지보다 인류가 유전적으로 훨씬 더 다양하지 않을까요? 하지만 그렇지 않습니다.

사람은 겉모습이 서로 크게 다르지만, 종 자체의 유전적 다양성은 극히 낮아요. 이른바 인종 같은 집단 사이에 나타나는 다양성은 인류의 유전적 다양성 중 고작 10%에 불과합니다. 따라서 인종 차이는 아무것도 아니에요. 모든 인종이 사라지고 어느 한 인종만 남아도 인간의 유전적 다양성은 거의 고스란히 보존됩니다. 그러니 그나마 낮은 유전적 다양성 중에서도 극히 일부에 불과한 인종을 근거로 사람을 차별하는 것은 부당한 일이라 할 수 있겠지요.

침팬지는 어떨까요? 인간과 정반대로, 침팬지는 생김새는 비슷비슷하지만 유전적 다양성은 아주 높습니다. 침팬지는 아프리카에 살며, 과학자들은 그들을 서식지에 따라 동부침팬지, 중부침팬지, 서부침팬지, 나이지리아-카메룬침팬지 네 아종으로 분류하는데요. 서부침팬지 한 무리에 속한 개체들 사이의 mtDNA의 다양성이 현재 살아 있는 모든 인간의 다양성보다 더 높습니다.

인류의 유전적 다양성이 낮은 이유가 무엇일까요? 그것은 우리가 역사적으로 인구수가 극도로 줄어드는 이른바 병목 지점을 몇 차례 지났다는 이론으로 설명될 수 있습니다. 약 7만 1,000년 전에 있었던 수마트라의 토바 화산 폭발이 그런 병목 지점 중 하나였을지 몰라요. 남극의 빙하 코어(빙하에 깊게 구멍을 뚫어 꺼낸 원통 모양의 얼음)를 조사해 보니, 몇 년 동안 화산재가 대기를 뒤덮어 햇빛을 차단했고, 그 뒤 1,000년 동안 혹독한 추위가 지속되었다고 해요. 이러한 급격한 기후변화로 세계 인구는 거의 1,000명 정도로 줄어들었고, 여기저기 흩어진 피신처에서 간신히 목숨을 이어 갔어요. 그런 과정을 거치면서 유전적 다양성이 줄어들었을 거예요.

멸종 위기종을 되살릴 수 있을까

지금의 멸종 위기종들은 대개 인간의 자연 파괴나 교란의 희생자들이에요. 그 단계까지 가지 않도록 하는 것이 최선이겠지만, 이미 멸종 위기에 처한 종들은 어떻게 해야 수를 늘려 보전할 수 있을까요? 또 멸종한 동물을 부활시킬 수도 있을까요?

종자 은행처럼 DNA 은행을 만드는 것도 한 방법이에요. 인간과 침팬지의 유전체를 해독했듯이 멸종 위기종의 유전체 서열정보를 해독해 보관하는 거예요. 그러면 혹시라도 그 동물이 멸종했을 때 보관된 정보를 토대로 복원할 수도 있을지도 모릅니다. 동물들의 DNA 서열 정보를 모았으니 DNA 동물원인 셈이에요. 하지만 DNA 정보만 보관해서는 복원하기가 쉽지 않을 거예요. 발달을 다루면서 말했듯이 세포질에 있는 물질들도 중요한 역할을 하기 때문입니다. 따라서 세포 자체를 보관해야 진정한 보전 전략이 될 수 있을 거예요.

체세포 핵 이식으로 멸종 위기 동물을 복제하려는 시도도 이루어지고 있습니다. 복제의 성공률이 낮다는 문제가 있긴 하지만, 멸종 위기종을 구할 해법이라는 주장도 꽤 설득력 있게 받아들여지고 있어요. 실제로 36년 전에 냉동 보관했던 암컷의 세포로 멸종 위기종인 검은발족제비를 복제한 사례가 있어요.

매머드 같은 멸종 동물을 부활시키려는 시도도 있습니다. 먼저 만년빙 속에 묻혀 있는 매머드의 사체를 찾아 세포를 떼어냅니다. 그 세포의 핵을 코끼리 같은 친척 종의 난자에 이식해 배아를 만들어 코끼리 암컷의 자궁에 착상시킨다는 방식이에요. 온전한 세포를 찾아내고, 자궁의 면역 거부 반응을 해결해야 하는 등 풀어야 할 숙제가 많지만, 그래도 시도하는 사람들이 있습니다. 성공할지는 두고 볼 일이지요.

DNA로 그려 보는 고대의 환경

DNA는 얼마나 오래갈까요? 사실 DNA는 끊임없이 손상을 입어요. 방사선, 화학물질, 바이러스 등 여러 요인으로 끊임없이 손상되고 복구됩니다. 세포에는 손상된 DNA를 복구하는 효소를 비롯한 수선 체계가 있기 때문이에요.

그러나 생물이 죽는 순간 이런 수선 체계도 작동을 멈추며, DNA는 곧 손상되기 시작합니다. 여기저기 끊기고 부서지고 분해되지요. RNA보다는 더 오래 남아 있긴 하겠지만, 대개는 오래가지 못해요. 날씨가 따뜻하고 비가 많이 오고 습한 곳에서는 더욱 빨리 분해되지요.

그래도 고대 DNA 연구자들은 수만 년 된 인류의 화석에서 DNA를 추출하는 데 성공했어요. 비록 끊긴 조각들이긴 하지만요. 그렇다면 기온이 거의 일정한 메마른 동굴 속에 버려진 뼈의 깊은 내부처럼 보존이 잘되는 환경이라면 더 오래갈 수도 있지 않을까요? 남극대륙의 빙하는 어떨까요? 꽁꽁 얼어붙은 곳에서는 더 오래 유지되지 않을까요? 수만 년이 아니라 수십만 년, 아니면 수백만 년도 가능할지 몰라요.

이미 시베리아 영구 동토층에서 40만 년 전의 DNA를 찾아낸 사례도 있습니다. 그보다 더 오래된 DNA도 찾을 수 있을까요? 100만 년이 넘은 DNA는요? 덴마크의 한 연구진은 그런 일이 실제로 가능한지 알아보기로 했습니다. 그린란드에는 아주 춥고 건조한 곳이 있어요. 너무 건조해서 빙하도 쌓이지 않고, 백만 년 전에 쌓인 퇴적물이 그대로 덮여 있는 곳이에요. 연구진은 그곳에 쌓여 있는 오래된 흙을 채집했습니다. 그 흙에는 오래전에 살았던 동물의 배설물도 섞였을 것이고, 동물의 배설물에는 DNA도 들어 있었을 거예요.

분석하니 DNA가 들어 있긴 했어요. 그러나 너무 짧아서 어느종의 것인지 파악할 수가 없었습니다. 다행히 DNA 분석 기술이 빠르게 발전한 덕분에, 연구진은 아주 짧은 DNA 조각들을 이어 붙여서 어느 종의 것인지 알아낼 수 있었어요. 결과를 본 연구진은 깜짝 놀랐습니다. 어느 한 종의 DNA만 있지 않았거든요. 포유류, 균류, 세균, 식물 등 수천 종에 달하는 온갖 생물의 DNA가 남아 있었어요. 그 흙이 어느 시대의 것이었는지 조사했더니 적어도 200만 년 전의 것임이 드러났습니다. 즉 200만 년 전의 생태계를 보여 주는 DNA가 흙 속에 남아 있었던 거예요!

DNA가 어떻게 이렇게 오래 남아 있을 수 있었을까요? 연구진은 흙 때문이라고 보았어요. DNA는 전하를 띠고 있습니다. 흙을 이루는 광물 중에도 점토와 석영 같은 광물은 많은 전하를 띠고 있어요. 그래서 DNA가 이런 광물에 단단히 결합했고, 덕분에 오래 존속할 수 있었다는 것이지요. 또 연구진은 이들이 살던 시기 직후에 빙하기가 찾아왔다고 봤습니다. 바로 약 250만 전에 시작된 플라이스토세 빙하기입니다. 그 점도 이 DNA가 보존되는 데 기여했을 수도 있습니다.

《네이처》 표지

영국 케임브리지대학 연구팀이 200만 년 전 DNA를 분석해 고대 그린란드 북부의 생태계를 재구성해 국제 학술지 《네이처》에 발표했다. 이를 토대로 그린 그림이 해당 호(2022년 12월 8일 자)의 표지를 장식했다.

이 연구 덕분에 고대 환경 DNA라는 새로운 분야가 탄생했어요. 말 그대로 DNA를 통해 고대의 환경을 알아낼 수 있게 된 것이지요. DNA로 고대의 생태계를 복원할 수 있다면 어떨까요? 고대의 기후도 알아낼 수 있고, 고대의 생물들이 어떤 유전자를 지녔기에 그 환경에서 살아갈 수 있었는지도 알아낼 수 있을 거예요.

그렇다면 이보다 더 오래된 DNA도 찾아낼 수 있을까요? 또 이렇게 수백만 년 전에 살았던 생물들의 DNA를 찾아낼 수 있다면, DNA의 진화 과정을 실제로 역추적할 수도 있지 않을까요? 이 지식을 AI에 학습시키면, 혹시 공룡에서 조류가 진화한 과정을 되돌릴 수도 있지 않을까요? 영화 〈쥐라기 공원〉에서는 수억 년 된 호박에 갇힌 모기의 뱃속에 든 피에서 공룡의 DNA를 추출해 공룡 복제에 성공했어요. 그런 일이 영화나 소설 속의 장면이 아니라 다큐멘터리의 한 장면이 될 수도 있지 않을까요?

6

유전학이
바꿀 미래

다가온 미래 의학

유전체 이후 시대의 유전학

인간 유전체 계획이 완성된 뒤, 우리는 유전체 이후(post-genome) 시대에 들어섰습니다. 그 뒤로 침팬지, 생쥐, 쥐 같은 포유류를 비롯해 적어도 수천 종의 유전체 서열이 밝혀졌어요. 유전체만이 아닙니다. 대규모 데이터를 분석하고 해독하는 기술과 컴퓨터 성능의 향상에 힘입어서 지금은 한 생물에 들어 있는 유기물질 전체를 분석하고 살펴보는 분야도 활기를 띠고 있어요. 단백질 전체를 가리키는 단백질체, 지질 전체를 가리키는 지질체, 만들어지는 RNA 전체를 가리키는 전사체, 대사 물질 전체를 가리키는 대사체, 또 DNA에 분자들이 달라붙는 양상을 가리키는 후성 유전체, 우리 몸에 사는 미생물 전체를 가리키는 미생물체도 있어요. 또 생물 전체를 분자 수준이 아니라 이 모든 구성 물질들이 상호작용 해서 만드는 시스템이라고 여기고 연구하는 분야도 있습니다.

즉 이제는 한 유전자의 기능만을 살펴보는 수준에서 벗어나, 유전체와 단백질체, 전사체 등을 전체적으로 고려하면서 연구를 할 수 있어요. 그 결과 구조유전체학, 기능유전체학, 비교유전체학, 단백질체학, 생물정보학 등 새로운 분야가 다양하게 등장했습니다. 이 분야들은 DNA 칩, 컴퓨터 모형 같은 첨단 기술들을 동원해 생명 과정을 새로운 차원에서 규명하고 있습니다. 염기 서열로부터 단백질의 삼차원 구조와 기능을 파악하고, 유전체를 종끼리 비교하여 종 특유의 질병과 적응 양상을 밝혀내고, 한 세포의 mRNA와 단백질을 전체적으로 분석하는 등의 연구가 이루어지고 있지요.

또 인간, 침팬지, 생쥐, 초파리는 많은 유전자를 공유하고 있어요. 그 유전자들의 변이 양상을 살펴보고 인간만이 지닌 유전자나 단백질, 대사 물질 등을 비교·분석하면 인간 종 특유의 질병들을 파악하고 치료할 단서를 얻을 수 있습니다. 또 개인별, 집단별로 유전자의 변이 양상을 파악할 수 있게 되어 맞춤 의학이 가능해집니다. 아울러 유전자와 유전자, 유전자와 단백질,

단백질과 단백질 등 세포 내에서 벌어지는 다양한 상호작용을 파악함으로써 부작용이 적은 의약품 개발에도 도움이 될 수 있어요.

DNA 백신의 탄생

2020년 초 갑작스럽게 코로나19가 전 세계로 퍼지면서 맹위를 떨치자, 세계는 재빨리 백신을 개발해야 했어요. 이때 획기적인 백신 개발법이 등장했습니다. 바로 mRNA를 이용한 백신이었어요. 이렇게 만들어진 백신은 빠르게 채택되어 널리 쓰이면서 백신 개발의 새로운 시대를 열었습니다.

18세기에 에드워드 제너가 우두법을 써서 천연두 백신 접종을 한 이래로, 백신은 대체로 몇 가지 방식을 통해 개발되었어요. 독감 백신의 경우 주로 두 가지 방법으로 만듭니다. 화학적으로 불활성화한 바이러스나 독성을 약화한 바이러스를 써요. 전자는 바이러스 본래의 기능을 없앴으므로 죽었다는 의미의 사백신, 후자는 독성을 약화하긴 했지만 활성을 띠고 있다는 점에서 생백신이라고 해요.

그밖에 병원체의 독소를 불활성화해서 만든 백신도 있고, 병원체 중에서 면역 반응을 일으킬 성분만을 분리해서 만든 백신도 있습니다. 면역 반응을 일으키는 병원체의 유전자만을 무해한 바이러스에 넣어서 투여하는 백신도 있어요.

그런데 DNA 관련 지식이 엄청나게 발전했으니 이 지식을 이용해서 백신을 만들 수도 있지 않을까요? 실제로 DNA 백신을 개발하려는 노력이 이루어져 왔으며, 말이 주로 걸리는 웨스트나일바이러스를 막는 데에 DNA 백신이 실제로 쓰이고 있어요. DNA 백신은 말 그대로 병원체의 유전자나 그 일부가 들어 있는 DNA를 주사해 면역 반응을 일으키는 것이에요. 아직까지 사람에게 쓰도록 승인된 DNA 백신은 없지만, 여러 임상 시험이 진행 중이므로 조만간 나올 가능성이 있어요. 가장 큰 문제는 안전성입니다. DNA를 주사하는 것이므로, 이 DNA가 사람의 유전체에 삽입될 가능성이 없다고는 할 수 없습니다.

코로나19 대유행 때 DNA 백신보다 더 발 빠르게 개발된 것은 mRNA 백신이었어요. 병원체의 유전정보를 지닌 mRNA를 써서 면역 반응을 일으키는 방식입니다. mRNA가 들어오면 세포는 곧바로 그 mRNA의 정보에 담긴 단백질을 만들며, 그 결과 빨리 면역 반응이 일어날 수 있어요.

또 이 백신 제조법은 몇 가지 이점이 더 있습니다. 먼저 mRNA는 세포핵으로 들어가지 않기 때문에 유전체를 바꿀 가능성이 없어요. 또 mRNA는 쉽게 설계하고 빨리 제조할 수 있습

드루 와이스먼(좌)과 커털린 커리코(우)

두 사람은 mRNA 백신을 개발한 공로로 2023년 노벨 생리의학상을 받았다.

니다. 그리고 mRNA의 염기 서열은 쉽게 바꿀 수 있으므로, 병원체에 변이가 일어났을 때 쉽게 대처할 수 있어요. 그리고 기존 생백신이나 사백신은 불활성화하거나 독성을 약화한 바이러스가 다시 활성을 얻거나 독성이 강해지는 경우도 드물게 나타날 수 있습니다. 하지만 mRNA는 바이러스 유전체 중 일부만 주입하므로 그럴 가능성이 낮아요. 또 기술이 더 발전하면 개인의 유전자에 맞추어서 맞춤 백신을 개발하는 쪽으로도 활용될 가능성이 큽니다. 이미 mRNA 독감 백신을 개발하는 연구가 이루어지고 있으며, 암 백신 개발에도 적용되고 있습니다.

물론 갑자기 코로나19가 대유행하면서 mRNA 백신이 긴급 사용 승인을 받았기에, 부작용이나 후유증 같은 안전성 문제에 대한 연구가 더 필요합니다. 또 변이 바이러스에는 얼마나 효과가 있고, 효과는 얼마나 오래가는지 등 살펴볼 게 많아요. 이 새로운 백신 제조법은 DNA와 RNA 지식의 새로운 영역을 개척하고 있는 사례라 할 수 있습니다.

줄기세포를 활용한 새로운 의학

복제 연구의 방향이 줄기세포와 치료용 복제 쪽으로 나아가면서, 생명 윤리 논쟁도 그쪽으로 옮겨 갔어요. 줄기세포는 자신의 클론을 계속 만들어서 줄기세포 집단을 유지하는 한편, 분화하는 세포도 만듭니다. 난자와 정자가 융합되어 생긴 수정란은 몸의 모든 세포를 만들 수 있어요. 수정란이 배아가 되고 배아가 발생할수록 분화가 점점 일어나서 각 세포가 만들어 낼 수 있는 세포의 종류는 줄어듭니다. 이윽고 세포 대부분은 완전히 분화해, 한 가지 세포만 만들 수 있는 상태가 됩니다. 심장 세포에서는 심장 세포만, 간세포에서는 간세포만 만들어지는 식이지요. 그래도 어른의 몸에는 서로 밀접한 여러 종류의 분화 세포를 만드는 세포도 남아 있습니다. 적혈구, 백혈구, 혈소판을 만드는 조혈모세포가 대표적이에요. 혈액 줄기세포라고도 부르지요.

줄기세포는 의학적으로 활용 가능성이 대단히 커요. 줄기세포를 이용하면 치매, 암, 인슐린을 합성하지 못해 생기는 당뇨병, 척추 손상, 심장병, 피부 화상, 관절염 같은 질환에 걸린 사람들의 손상된 세포를 정상 세포로 대체할 수 있습니다. 특히 환자 자신의 체세포를 이용해 줄기세포를 만든다면, 거부 반응 없이 세포나 조직을 이식할 수 있어요.

예전에는 이런 일들을 하려면 배아 줄기세포를 이용해야 한다고 보았고, 배아 줄기세포를 얻으려면 배아를 파괴해야 했기에 생명 윤리 논쟁을 일으켰습니다. 그러나 야마나카 인자의 발견으로 성체 세포를 줄기세포로 전환할 수 있게 되면서 논란은 많이 가라앉은 상태입니다. 하지만 줄기세포는 잘못 분화해 몸에 문제를 일으킬 가능성이 크기에, 줄기세포를 활용하려면 해결해야 할 문제가 아직 많습니다.

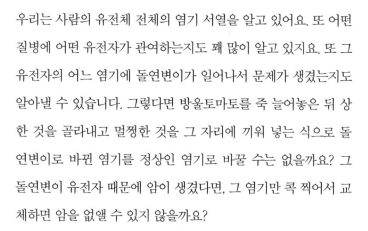

유전자 편집 기술에서 후성 유전학까지

유전자를 원하는 대로 편집한다고?

우리는 사람의 유전체 전체의 염기 서열을 알고 있어요. 또 어떤 질병에 어떤 유전자가 관여하는지도 꽤 많이 알고 있지요. 또 그 유전자의 어느 염기에 돌연변이가 일어나서 문제가 생겼는지도 알아낼 수 있습니다. 그렇다면 방울토마토를 죽 늘어놓은 뒤 상한 것을 골라내고 멀쩡한 것을 그 자리에 끼워 넣는 식으로 돌연변이로 바뀐 염기를 정상인 염기로 바꿀 수는 없을까요? 그 돌연변이 유전자 때문에 암이 생겼다면, 그 염기만 콕 찍어서 교체하면 암을 없앨 수 있지 않을까요?

정말로 좋은 생각이긴 하지만, 과연 실제로 가능할까요? 사람의 유전체에는 약 30억 쌍의 염기가 들어 있어요. 방울토마토 30억 개를 늘어놓고서 그중 상한 것 하나를 골라낸다고 생각해 보세요. 어디 있는지 찾기도 힘들뿐더러 다른 방울토마토까지 망가뜨릴 가능성이 커요.

사실 DNA에 결합하는 단백질은 특정한 염기 서열을 찾아서 그 자리에 결합합니다. 그런데 염기가 30억 개나 되므로, 같은 서열이 있는 곳도 많지 않을까요? 따라서 어떤 수단을 쓰든 간에 특정한 유전자에 있는 염기를 바꾸고자 할 때면 그 염기가 아니라 다른 곳에 있는 염기까지 바뀔 가능성을 염두에 두어야 합니다.

그런데 이렇게 원치 않은 엉뚱한 곳의 염기까지 바꿀 가능성을 획기적으로 줄인 기술이 개발되었습니다. 바로 유전자 편집 기술이에요. 과학자들은 세균에 바이러스를 막는 자체 방어 기구가 있다는 것을 알게 되었어요. 세균은 침입한 바이러스의 DNA에서 특정한 염기 서열을 찾아서 잘라 버립니다. 즉 유전자 가위처럼 작동하는 거예요. 유전자 가위는 두 부분으로 이루어 져 있습니다. 한쪽은 RNA인데 DNA에서 특정 염기 서열을 찾는 일을 합니다. 다른 한쪽은 RNA가 결합한 부위 옆을 자르는 일을 하는 단백질이에요.

과학자들은 이 기구를 우리가 원하는 방식으로 이용할 수 있

두 사람은 유전자 가위 기술을 개발한 공로 2020년 노벨 화학상을 받았다.

으리라 생각했어요. 특정한 염기 서열을 찾는 탐색자 역할을 하는 RNA의 염기 서열을 바꾼다면? 암을 일으킨 돌연변이 유전자의 돌연변이가 일어난 부위 옆에 딱 들어맞는 서열을 갖게 한다면 어떻게 될까요? 그러면 이 탐색자 RNA는 돌연변이 유전자에 결합할 것이고, 가위는 돌연변이가 일어난 염기를 잘라 낼 거예요. 잘린 부위는 유전자 수선 기구를 써서 정상적인 염기를 끼워 넣고 이어붙일 수 있습니다. 그러면 돌연변이 유전자가 멀쩡한 유전자가 될 수 있어요. 바로 이것이 유전자 편집 기술입니다.

처음으로 발견된 유전자 가위는 크리스퍼/캐스9(CRISPR/Cas9)

으로, 이 연구를 한 과학자들은 노벨상을 받았어요. 그 뒤로 유전자 편집 기술은 빠르게 발전하고 있습니다. 이 기술을 실제로 적용하려면 다른 부위를 자를 가능성을 최대한 줄여야 합니다. 그래서 과학자들은 그런 오류 가능성을 줄일 방법을 찾기 위해 특별히 애쓰고 있어요.

또한 캐스9 유전자 가위는 DNA 이중나선 두 가닥을 통째로 자르기에, 엉뚱한 염기 서열이 그곳에 끼워질 수도 있습니다. 대신에 한쪽 가닥만 잘라서 새 염기를 끼워 넣으면 오류를 줄일 수 있지 않을까요? 과학자들은 이처럼 다양한 가능성을 생각하면서 연구를 계속하고 있습니다.

유전자 발현 조절과 후성 유전학

사람의 유전자는 약 2만 개로, 유전체 전체에서 유전자가 차지하는 비율은 겨우 2%입니다. 그런데 어떻게 이 적은 유전자로 온갖 부위와 기관을 만들고, 부위마다 기관마다 다른 활동을 할 수 있을까요?

바로 유전자의 발현을 조절해서입니다. 모든 세포는 똑같은 유전자를 지니고 있지만, 부위마다, 발달 시기마다 혹은 상처가 생기거나 병균이 침입할 때처럼 필요할 시점에 다른 식으로 조절이 이루어져요. 그리고 그 조절이 어떻게 이루어지는지를 연구하는 분야가 바로 후성 유전학입니다.

후성(後成)은 말 그대로 나중에 형성된다는 뜻이에요. 몸은 에너지를 절약해야 합니다. 그래서 어떤 유전자가 필요하지 않을 때면 꺼 놓아요. 다시 말해 각 유전자에는 일종의 스위치가 달려 있습니다. 필요할 때만 켜고, 켜진 유전자는 단백질을 만들기 시작하지요. 이렇게 유전자를 켜고 끄는 활동이 바로 조절입니다.

어떤 유전자를 켜고 끄는지는 세포마다 달라요. 또 시기에 따라서도 달라집니다. 뼈세포에서 손가락을 자라게 하는 유전자들이 켜진다면 어떻게 될까요? 신경세포에서 소화를 돕는 물질을 분비하는 유전자들이 켜진다면? 거꾸로 창자 세포에서 소화를 돕는 물질을 분비하는 유전자가 꺼진다면요? 온갖 문제가 생길 거예요. 따라서 각 세포는 상황에 맞추어 어떤 유전자를 켜고 끌지 조절해야 합니다.

이런 조절은 유전자의 염기 서열을 바꾸는 것이 아닙니다. 유전자 조절은 세포 안에 있는 효소, 단백질, RNA 같은 물질들이 맡아요. 이런 물질은 대개 유전자가 만든 것이므로, 유전자가 만든 물질이 유전자를 조절하는 셈입니다.

사실 이런 조절 현상은 오래전부터 알려져 있었어요. 과학자들은 사이토신 다음에 구아닌이 나오는 염기 서열(CG)에서 이상

한 일이 일어난다는 것을 발견했어요. 사이토신에 메틸기가 종종 달라붙곤 했던 것이지요. 이 반응을 일으키는 효소도 발견되었어요. 또 포유동물의 DNA에서는 CG 중 약 40%에 메틸화가 일어나 있다는 것도 밝혀졌습니다.

메틸화는 왜 일어날까요? 과학자들은 계속 켜져 있는 영역에는 메틸화가 거의 일어나지 않는다는 것을 발견했어요. 거꾸로 조절 영역에 메틸화가 많이 이루어지면, 그 유전자가 꺼진다는 것도 알아냈습니다. 즉 유전자 발현 조절은 메틸화를 통해 이루어져요.

앞서 말했듯이 메틸화 말고도 유전자 발현을 조절하는 방식은 여러 가지입니다. 실패에 실이 감겨 있는 모양으로 DNA는 단백질을 칭칭 감고 있어요. 게다가 실패 여러 개가 다시 한 무더기로 감겨 있기도 해요. 이런 상태에 있는 유전자는 켜기가 어렵습니다.

그리고 마이크로RNA 같은 짧은 RNA 조각들도 유전자 발현을 조절합니다. 마이크로RNA는 염기 길이가 22개 이하인 아주 짧은 RNA예요. 과학자들은 이런 RNA가 있다는 것을 1993년에야 알았습니다. 그전까지는 mRNA, tRNA, rRNA만 있다고 생각했어요. 그런데 이 작은 RNA가 mRNA에 달라붙어 단백질 합성을 조절하고, mRNA를 분해하는 일을 한다는 것이 밝혀졌습니다. 마이크로RNA는 세포분열, 분화, 세포 자살 등 수많은 일에 관여하며, 암과도 관련이 있습니다.

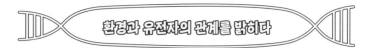
환경과 유전자의 관계를 밝히다

유전자 조절을 깊이 연구하면서 새로운 사실들도 드러났어요. 우리는 지금까지 돌연변이 등으로 유전자에 이상이 생겨 발병하는 사례들을 이야기했어요. 그런데 유전자에 아무 문제가 없음에도 병이 생길 수 있습니다. 유전자가 정상인데 암이 생기는 사례도 많아요. 바로 조절에 문제가 생겨서입니다.

예를 들어 심한 스트레스를 받는, 좋지 않은 환경에 오래 노출되면 유전자의 조절 양상이 바뀌어서 암에 걸릴 수도 있어요. 암의 상당수가 이런 식으로 생긴다고 말하는 학자들도 있습니다. 따라서 암 같은 질병이 어떻게 생기는지 이해하고 치료하려면 유전자 조절이 어떻게 이루어지는지 알아야 해요.

후성 유전적 변화는 DNA 염기 서열을 바꾸지 않습니다. 따라서 돌연변이와 달리 문제가 생겼을 때 원래 상태로 되돌리기도 더 쉽다는 것이 장점이에요. 후성 유전학은 달리 말하면 생물이 환경의 영향을 받는다는 뜻입니다. 즉 우리가 살아가면서 접하는 스트레스, 음식, 즐거움과 괴로움 같은 환경이 우리 유전자

조절에 영향을 미친다는 의미이지요. 이 점은 아주 중요합니다.

예를 들어 볼까요? 우리가 먹는 음식에는 생리 활동을 조절하는 성분들이 들어 있습니다. 이런 조절은 대개 후성적 변화를 통해 이루어져요. 그리고 DNA 메틸화는 비만 및 과체중과 관련이 있습니다. 비만과 과체중은 심장병, 당뇨병 같은 질병을 일으키곤 합니다. 음식에 따른 후성적 변화는 노화에도 큰 영향을 미칩니다. 나이가 들수록 DNA 전체에는 메틸화가 줄어드는 반면 특정 부위에 지나치게 많은 메틸화가 일어납니다. 이런 변화는 세포와 생물의 노화를 결정하는 중요한 요인이에요. 흡연, 음주, 영양실조는 이런 변화를 더 부추깁니다.

환경에 낮은 농도로 있는 오염 물질도 후성적 변화를 통해 몸에 이상을 일으킬 수 있어요. 이를테면 어떤 오염 물질에 계속 노출되면 DNA 메틸화에 변화가 일어날 수 있습니다. 흔히 말하는 환경호르몬도 유전되는 후성적 변화를 일으켜 후손에게 특정한 질병이 생길 확률을 높인다고 해요. 문제는 이런 변화는 잘 드러나지 않고 오랜 세월에 걸쳐 서서히 이루어지기에, 환경 오염 물질, 후성적 변화, 질병 사이의 관계를 뚜렷이 밝혀내기가 어렵다는 점입니다.

그럼에도 후성 유전학은 암, 비만, 음식, 건강이 어떤 관련이 있는지를 밝혀내고, 적절한 치료법과 약을 개발하는 데 큰 도움을 줄 수 있어요. 또 오염 물질에 계속 노출되었을 때 건강에 어떤 위험이 미칠지를 밝혀내는 데에도 이바지할 수 있을 거예요.

게다가 후성적 변화는 유전되기도 해요. 엄마가 아기를 갖기 전부터 식량이 몹시 부족한 환경에서 살아왔다고 가정해 봅시다. 그러면 엄마의 몸과 마찬가지로 뱃속에서 자라는 아기의 몸에서도 그 환경에 따른 DNA 메틸화 양상이 일어나요. 그런 식으로 메틸화가 이루어진 아기는 평생 비쩍 마른 상태로 살아갈 수도 있습니다. 반대로 비만인 사람의 아이는 비만이 되기 쉬운 경향을 보입니다. 물론 메틸화 양상은 살아가는 동안 달라질 수 있어요.

DNA의 시대를 슬기롭게 살아가기

지금까지 DNA가 무엇이고 어떻게 발견되었는지부터 시작해, 오늘날 어떻게 쓰이고 있고 또 앞으로 어떻게 쓰일지까지 다양한 주제를 살펴보았어요. 꽤 많은 이야기를 한 것 같지만, 사실 이 책에서 한 이야기는 아주 적어요. 새 발의 피만큼이라고 말할 수 있으려나요. 게다가 DNA 연구가 시작된 것은 아직 100년도 안 되었어요. 그러니 앞으로 얼마나 새로운 발견이 이루어지고 지식이 늘어날지는 상상조차 하기 어려워요. DNA를 연구하는 과학자들도 이제 자신이 일하는 아주 좁은 분야 외에는 다른 분야에서 어떤 일이 일어나고 있는지 잘 모를 지경이지요. 언뜻 보아서는 무슨 말인지도 모를 숫자와 기호만 잔뜩 나와 있는 논문도 많거든요.

그럴수록 새로운 발견과 발전을 이해하고 소통하려는 노력이 중요합니다. 왜냐하면 DNA 지식은 이제 우리 모두의 삶에 깊이 영향을 미치고 있으니까요. 우리가 맞는 백신, 우리가 먹는 식품, 건강과 장수를 위해 우리가 하는 활동, 질병을 다루는 방식, 역사와 미래를 살펴보는 관점도 이제 DNA와 떼려야 뗄 수 없이 얽혀 있어요.

물론 너무 어렵거나 너무 빨리 발전해서 따라가지 못하겠다며 관심을 끈다고 해도, 삶에는 별 차이가 없을 거예요. DNA 지식을 토대로 나온 성과물만 잘 활용하면서 살아가면 되지 않을까요? 컴퓨터와 통신의 기본 원리를 전혀 모른 채 스마트폰을 잘 쓰는 것처럼요.

하지만 과학이란 본래 관심과 기본 소양을 갖춘 사람이라면 누구나 이해할 수 있도록 연구 결과를 공개하는 활동이라는 점을 기억하자고요. DNA에 관한 발견과 지식도 마찬가지예요. 그리고 그 발견과 지식에 조금이라도 관심을 가질 때, 우리는 왜곡된 지식과 오도하는 주장을 판별하고 중심을 잡을 수 있을 거예요. 언뜻 들으면 진짜 맞는 양 넘어갈 수 있는 주장들이 난무하는 시대이기도 하니까요. 특히 DNA가 어쩌고저쩌고하면서 틀린 말을 한다면요? 그럴 때 뉴스에서 본 최신 연구 결과를 말해주면 어떨까요? 아마 그것이 DNA 지식을 가장 잘 써먹는 길이라고 할 수 있지 않을까요?

이미지 출처

아직 DNA가 어려운 너에게

1판 1쇄 발행일 2025년 2월 10일

지은이 이한음

발행인 김학원
발행처 (주)휴머니스트출판그룹
출판등록 제313-2007-000007호(2007년 1월 5일)
주소 (03991) 서울시 마포구 동교로23길 76(연남동)
전화 02-335-4422 **팩스** 02-334-3427
저자·독자 서비스 humanist@humanistbooks.com
홈페이지 www.humanistbooks.com
유튜브 youtube.com/user/humanistma
페이스북 facebook.com/hmcv2001 **인스타그램** @humanist_gomgom
편집주간 황서현 **편집** 이여경 이영란 **디자인** 유주현 **일러스트** 킹아이
조판 아틀리에 **용지** 화인페이퍼 **인쇄·제본** 정민문화사

ⓒ 이한음, 2025

ISBN 979-11-7087-260-3 43470